AF262207

MONOGRAPHIE

DES ESPÈCES FRANÇAISES

APPARTENANT AU

GENRE VALVATA

CONTRIBUTIONS

A LA

FAUNE MALACOLOGIQUE DE FRANCE

PAR

ARNOULD LOCARD

XV

MONOGRAPHIE

DES ESPÈCES FRANÇAISES

APPARTENANT AU

GENRE VALVATA

PAR

ARNOULD LOCARD

PARIS

LIBRAIRIE J.-B. BAILLIÈRE ET FILS

19, RUE HAUTEFEUILLE, 19

1889

DÉPÔT LÉGAL
Rhône
N.º 647
1888

INTRODUCTION

Le genre *Valvata* a été créé en 1774, par Othon-Frédéric Müller, pour un petit Mollusque vivant dans les eaux douces, et qu'il désigna sous le nom de *Valvata cristata* (1). Dans le même ouvrage, notre auteur décrivait, quelques pages auparavant, sous le nom de *Nerita piscinalis* (2), une forme voisine mais différente, que Férussac, en 1807, classa à son tour dans ce même genre *Valvata* (3). Cette confusion faite par le créateur du genre, à propos de l'extension qu'il importait de donner à sa nouvelle coupe générique, fut cause sans doute des innombrables dénominations proposées depuis cette époque jusqu'au commencement du siècle, pour les formes voisines des *Valvata cristata* et *V. piscinalis*. C'est ainsi que nous les voyons tour à tour rangées parmi les Hélices, les Paludines, les Nérites, les Troches, les Turbos, les Cyclostomes et même les Limnées, comme on peut le voir dans les longues listes synonymiques propres à ces différentes espèces.

(1) O.-F. Müller, 1774. *Vermium terrestrium et fluviatilium historia*, II, p. 198.
(2) O.-F. Müller, 1774. *Loc. cit.*, p. 172.
(3) Ferussac, 1807. *Essai d'une méthode conchyliologique appliquée aux Mollusques terrestres et fluviatiles*, p. 35.

Quoi qu'il en soit, d'après ce que nous venons de dire, le type du genre *Valvata* est une coquille subplanorbique très déprimée, autour de laquelle on a groupé des formes à spires plus ou moins étagées, d'un galbe variable, passant par de nombreux intermédiaires, au conique et au globuleux. Il importait donc de diviser le genre *Valvata* en plusieurs groupes naturels basés sur le galbe polymorphe des nombreuses formes que nous connaissons aujourd'hui en France. Déjà, Fitzinger (1) avait proposé de séparer les espèces du genre *Valvata* en deux genres distincts. Il faisait rentrer les espèces conoïdes dans les véritables *Valvata* et réunissait les espèces discoïdes dans son genre *Gyrorbis*. Cette manière de voir n'a pas été adoptée par les naturalistes ; et en effet, la séparation des deux genres n'est pas suffisamment tranchée, de façon à s'imposer ; en outre, elle est établie contrairement au type primitif de Müller.

Le genre *Valvata* existe également à l'état fossile. Pour une de ces formes trouvée en France dans les dépôts tertiaires de la Drôme, M. Sandberger a proposé une coupe nouvelle, celle des *Pachystoma* (2) dont le type est le *Valvata marginata* de Michaud (3). Cette nouvelle coupe ne nous paraît pas non plus bien nécessaire ; mais en revanche, nous adopterons bien volontiers la dénomination de *Tropidina*, inaugurée par MM. H. et A. Adams (4), pour les Valvées carénées comme le *Valvata tricarinata* Say (5), d'Amérique, dont on retrouve des formes similaires dans les dépôts tertiaires de la partie centrale du bassin du Rhône.

Il n'a été publié aucune monographie spéciale des Valvées françaises. C'est un peu de tous les côtés qu'il faut aller puiser des documents sur les différentes espèces qui composent ce genre. Cependant, nous ne pouvons passer sous silence un très remarquable travail, publié sur quelques espèces du groupe du *Valvata piscinalis*, par notre savant ami, M. Bour-

(1) Fitzinger, 1833. *Systematisches Verzeichniss*, etc., p. 117.
(2) Sandberger, 1875. *Die Land und Süssw. Conch. der Vorw.*, p. 711.
(3) *Valvata marginata*, Michaud, 1877. *In Soc. Linnéenne de Lyon*, p. 50, pl. V, fig. 16-18.
(4) H. et A. Adams, 1853-58. *The genera of recent Mollusca*, III, p. 157.
(5) *Cyclostoma tricarinata*, Lesueur, 1817. *In Say, Journ. Ac. N. sciences Philadelph.*, I, I, p. 13. — *Valvata tricarinata*, Say, 1821. *Loc. cit.*, II, I, p. 172.

guignat, dans sa *Malacologie d'Aix-les-Bains* (1). Nous aurons occasion d'y revenir plus loin à propos de la description de ces différentes espèces.

Pour mener à bonne fin notre tâche, M. Bourguignat a bien voulu nous communiquer les principaux types de sa splendide collection. Qu'il nous permette encore de lui adresser tous nos remerciements pour son inépuisable complaisance. C'est avec ces matériaux et avec ceux que nous avons réunis déjà depuis nombre d'années dans notre collection que nous avons entrepris ce travail.

(1) Bourguignat, 1864. *Malacologie d'Aix-les-Bains*, p. 68 et 69, pl. I, fig. 6 à 25.

Lyon, juillet 1889.

XV

MONOGRAPHIE

DES ESPÈCES FRANÇAISES

APPARTENANT AU

GENRE VALVATA

VALVATIDÆ

Genre VALVATA, O.-F. Müller.

1774. *Verm. terr. fluv. Hist.*, II, p. 198.

A. — Groupe du *V. piscinalis.*

Ce groupe renferme des espèces dont la taille est toujours grande, avec un galbe plus ou moins globuleux, à spire relativement haute, constituée par des tours étagés les uns au-dessus des autres et séparés par une suture plus ou moins bien marquée. Chez les espèces de ce groupe, l'ombilic est toujours étroit et en partie masqué par le développement du bord columellaire. Il renferme dix espèces.

VALVATA CONTORTA, Menke.

? *Nerita contorta*, O.-F. Müller, 1774. *Verm. terr. fluv. Hist.*, II, p. 187.
? *Helix contorto-plicata*, Gmelin, 1789. *Systema naturæ*, édit., XIII, p. 3661.
Valvata piscinalis (var. β), Hartmann, 1821. *In Neue Alpina*, 1, p. 257, pl. II, fig. 32,

Paludina impura (var. obtusa), Menke, 1830. *Syn. meth. Moll.*, 2ᵉ édit., p. 41.
Valvata contorta, Menke, 1845. *In Zeitschr. für Malak.*, II, p. 115. — Bourguignat, 1864.
Malac. Aix-les-Bains, p. 68, pl. I, fig. 21-25. — Locard, 1882. *Prodr.*, p. 248.

HISTORIQUE. — L'histoire synonymique du *Valvata contorta* est fort difficile à établir exactement. C'est à Carl-Théodore Menke que l'on doit la première bonne description de cette espèce, comme on doit à M. Boûrguignat la seule bonne figuration qui en ait été donnée. En toute justice, c'est à ces deux auteurs qu'il faudrait en attribuer la véritable paternité spécifique. Mais comme il importe de se conformer aux strictes lois de la priorité, nous allons essayer de remonter plus loin dans cette histoire et de rechercher quel est le premier auteur qui lui a appliqué sa dénomination binominale.

Menke, dans son mémoire, établit une synonymie fort complexe, partant depuis le *Sabot* de Desallier d'Argenville (1) et comprenant des formes absolument différentes et aujourd'hui admises comme bien distinctes, telles que les *Cyclostoma simile* de Draparnaud (2) et *Valvata obtusa* de Brard (3). C'est dans Müller que nous trouvons pour la première fois la dénomination de *Valvata contorta*. Avec une description basée sur un individu unique, l'auteur indique comme référence iconographique un dessin de la *Conchyliologie* de d'Argenville, peu fait pour nous éclairer (4). Quelques années plus tard, Gmelin aurait admis cette même espèce de Müller avec sa même référence iconographique, mais il la baptise à nouveau sous le nom d'*Helix contorto-plicata*, dénomination spécifique quelque peu contraire aux principes de l'auteur du *Systema naturæ*.

Menke reprend donc l'espèce de Müller et la range à juste titre dans les *Valvata*. En outre il lui assigne deux variétés : *trochoidea* et *subglobosa*, dont il fait plus tard deux espèces distinctes (5), la première caractérisée par son galbe *globoso-trochoidea*, avec une perforation ombilicale très étroite, la seconde *ovato-subglobosa*, simplement perforée.

---

(1) *Sabot*, Desallier d'Argenville, 1757. *La Conchyliologie*, 2e édit., pl. XXVII, n· 4 *(fig. aucta)*. — *Buccin*, Desallier d'Argenville, 1757. *La Zoomorphose*, 2e édit., pl. VIII, n° 5, fig. *intermedia (aucta atque rudis)*.

(2) *Cyclostoma simile*, Draparnaud, 1805. *Hist. moll.*, p. 34, n° 4, pl. I, fig. 15. — *Amnicola similis*, Bourguignat, 1864. *Malac. Algérie*, p. 328, pl. XV, fig. 28-30. — Locard, 1882. *Prodr.*, p. 224.

(3) *Valvata obtusa*, Brard, 1815. *Coq. de Paris*, p. 190, pl. VI, fig. 17.

(4) Desallier d'Argenville, 1757. *La Conchyliologie*, II, pl. VIII, fig. 5 *(sinistrorsa)*.

(5) *Valvata trochoidea*, Menke, 1836. *In* Schmidt, *Beitr. Malak.*, p. 43. — *Valvata subglobosa*, Menke, 1836. *Loc. cit.*, p. 43.

C'est donc en réalité Menke qui a établi le *Valvata contorta* tel que nous le comprenons aujourd'hui, plutôt que Müller dont nous ne connaissons pas le vrai type. Voilà pourquoi, avec M. Bourguignat, nous avons écrit dans notre classification : *Valvata contorta* Menke.

Quant aux figurations citées par Menke, elles sont toutes très médiocres et peuvent difficilement donner une idée du galbe de la coquille. Il renvoie aux dessins de d'Argenville (1), Martini (2), Schröter (3) et Hartmann (4). Il va sans dire que nous distrayons intentionnellement de cette liste les figurations données par Draparnaud et par Brard, qui s'appliquent, comme nous l'avons dit, à deux espèces différentes. Nous ne connaissons pas la planche de Martini à laquelle il est fait allusion, mais tous les autres dessins sont peu compréhensibles. Nous avons même quelque peine à reconnaître, dans la planche de Schröter, la moindre Valvée, sous quelque face qu'il la représente. Quant au dessin de Hartmann, il est bien meilleur, mais ne fait point ressortir les caractères si particulièrement distinctifs de cette espèce que l'auteur n'envisageait qu'à titre de variété β du *Valvata piscinalis*.

On doit à M. Bourguignat cinq excellentes figurations du *Valvata contorta* (5), dans lesquelles tous les caractères ressortent admirablement, et qui établissent d'une façon absolument irréfutable la validité de cette élégante espèce. Est-il nécessaire d'ajouter que ces dessins sont d'une exactitude parfaite et qu'en maintes circonstances nous avons eu occasion de le vérifier.

Quelques auteurs (6) ont cru devoir récemment rattacher le *Valvata contorta* au *V. antiqua* de Sowerby (7), forme d'Angleterre à spire élevée et encore fort mal connue. Sans en être absolument certain, puisque nous ne connaissons pas le type de Sowerby, il nous semble que cette coquille, à en juger d'après les descriptions, aurait la spire encore plus élevée, les tours plus étagés, comme Stein (8) et M. S. Clessin (9) l'ont figuré dans leurs ouvrages. En attendant de nouveaux éclaircissements,

(1) *Vide : An'e*, p. 10, note 1.
(2) Martini, 1767. *In Berlin. Mag.*, Bd. 4, St. 3, p. 249, n° 60, pl. VII, fig. 16 *(rudis)*.
(3) Schröter, 1779. *Flussconch.*, p. 259, n· 69, pl. V, fig. 33.
(4) Hartmann, 1821. *In* Steinmüller, *Neue Alpina*, 1, p. 257, n· 133, pl. II, fig. 32.
(5) Bourguignat, 1864. *Malacologie d'Aix-les-Bains*, pl. I, fig. 21 à 25.
(6) S. Clessin, 1877. *Deutsch. excurs. Moll.*, p. 304, fig. 164. — 1884, 2e édit., p. 457, fig. 314 — Agardh Westerlund, 1886. *Fauna paläarctisch. Binnenconh.*, VI, p. 182.
(7) Sowerby, 1838. *In Mag. nat. hist.*, 1, p. 547.
(8) Stein, 1850. *Lebend. Schneck. Berlins*, p. 85, pl. II, fig. 27.
(9) S. Clessin, *Loc. cit.*

nous croyons prudent de maintenir la dénomination de *Valvata contorta* pour nos espèces en rapprochant au contraire le *Valvata antiqua* de la var. β *trochoidea* du *V. contorta* de Malm (1).

DESCRIPTION. — Coquille d'un galbe turriculé, à spire très haute, conique-subglobuleuse, à tours très étagés et bien distincts. Test un peu mince, assez solide, subopaque, orné de stries longitudinales un peu flexueuses, fines, assez régulièrement rapprochées, subégales, visibles en dessus et en dessous jusque dans l'ombilic, d'une coloration corné-verdâtre plus ou moins foncé, souvent encroûté. Spire composée de cinq tours arrondis, les premiers peu élevés, les derniers plus développés; dernier tour bien arrondi à sa naissance et à son extrémité, fortement déclive dans cette partie, et s'insérant au-dessus de l'avant-dernier tour, sensiblement égale en hauteur aux deux tiers de la hauteur totale de la coquille. Suture profonde et régulière, bien accusée par la convexité des tours. Sommet lisse, obtus, de même teinte ou de teinte un peu plus pâle que le reste de la coquille. Ombilic profond, très étroit, subarrondi, en partie masqué par le développement du bord columellaire. Ouverture oblique, subcirculaire, à peine un peu plus haute que large, légèrement subanguleuse dans le haut, bien arrondie dans le bas; péristome continu, rattaché au dernier tour sur une faible étendue, mince, tranchant, un peu évasé surtout dans le bas.

DIMENSIONS. — Hauteur totale, 6 à 8 millimètres; diamètre maximum, 4 1/2 à 5 1/2 millimètres.

OBSERVATIONS. — Le *Valvata contorta* présente toujours un galbe très régulier. Sa taille elle-même varie peu. Nous distinguerons cependant des *var. major* et *minor* en général peu communes. Les seules modifications que nous ayons observées dans son galbe portent sur le plus ou moins de hauteur de l'avant-dernier tour. Cet avant-dernier tour est le plus souvent à profil bien arrondi, et nettement étagé sur le suivant, comme l'a si bien figuré M. Bourguignat; mais parfois aussi, la coquille, tout en conservant son galbe conique globuleux, a cet avant-dernier tour un peu moins haut et un peu moins arrondi.

M. H. Drouët (2) a signalé chez cette espèce une *var. gratiosa* qu'il définit ainsi: « Coquille plus petite, élégamment trochiforme-élevée, très fine-

(1) Malm, 1855. *Göteb. vet.*, *Vill. Samh.*, III, p. 130.
(2) H. Drouët, 1866. *Mollusques terrestres et fluviatiles de la Côte-d'Or*, *in Mem. Acad. Dijon*, p. 125 (tir. à part, p. 93).

ment striée, moins épaisse, d'un blond roussâtre. Hauteur, 5 ; largeur, 4 millimètres ».

Nous instituerons en outre les variétés *ex-forma* suivantes : *major* (1), *minor, elata, depressa,* etc., et les *var. ex-colore: luteola, viridula, ferruginea, cornea, albida,* etc. qui se définissent d'elles-mêmes.

HABITAT. — Peu commun ; principalement dans la France moyenne ; recherchant les eaux tranquilles ou peu courantes, assez pures ; nous le connaissons dans les localités suivantes : L'Aisne (Lallemant et Servain) ; la Côte-d'Or (Drouët, Beaudouin) ; la Savoie (Bourguignat) ; Seine-et-Marne, le Rhône, l'Ain, l'Isère, la Drôme, Saône-et-Loire, etc. (Locard).

VALVATA FLUVIATILIS, Colbeau.

Valvata fluviatilis, Colbeau, 1868. *In Ann. Soc. malac. Belgique,* III, p. 93, pl. II, fig. 16.
    — S. Clessin, 1877. *Deutsch. excurs. fauna,* p. 505, fig. 165.
Cincinna fluviatilis, S. Clessin, 1884. *Deusch. excurs. Fauna,* 2e édit., p. 458, fig. 315.

HISTORIQUE. — Dans un mémoire intitulé : *Liste générale des Mollusques vivants de la Belgique,* et publié en 1868, M. Jules Colbeau a figuré une Valvée qu'il désigne sous le nom de *Valvata fluviatilis* et qu'il ne décrit que par cette simple note : « Je crois que l'on doit séparer cette Valvée de la *piscinalis* comme espèce, et peut-être la joindre à la *V. contorta* Menke. » L'auteur était absolument dans le vrai en disant qu'il con venait de séparer cette forme du *Valvata piscinalis* et en la rapprochant, du *Valvata contorta,* mais toutefois sans l'y joindre. En effet, le *Valvata fluviatilis* est une forme exactement intermédiaire entre ces deux types connus. Depuis la publication du travail du savant belge, MM. S. Clessin et Agardh Westerlund notamment, ont admis cette forme comme espèce dans leurs ouvrages, et nous croyons la signaler ici pour la première fois en France où pourtant elle n'est pas rare.

DESCRIPTION. — Coquille d'un galbe turriculé, à spire haute, conique-globuleuse, à tours étagés et distincts. Test un peu mince, assez solide, subopaque, orné de stries longitudinales un peu flexueuses, fines, un peu irrégulières, rapprochées, subégales, visibles en dessus et en dessous jusqu'à l'entrée de l'ombilic, d'une coloration corné-verdâtre, pas-

---

(1) Nous avons déjà signalé cette variété dans nos *Etudes sur les variations malacologiques,* I, p. 381.

sant au roux ou au ferrugineux, souvent encroûté. Spire composée de quatre à cinq tours convexes, assez hauts, un peu étagés; dernier tour gros, renflé, à profil simplement convexe dans le haut à sa naissance, puis de plus en plus arrondi jusqu'à l'extrémité, assez déclive dans cette partie et s'insérant un peu au-dessous de l'axe de l'avant-dernier tour, sensiblement égale aux trois quarts de la hauteur totale. Suture peu profonde, soulignée par une étroite bande méplane située à la partie supérieure de chaque tour. Sommet lisse, obtus, de même teinte ou de teinte un peu plus pâle que le reste de la coquille. Ombilic profond, très étroit, subarrondi, en partie masqué par le développement du bord columellaire. Ouverture très oblique, subcirculaire, à peine un peu plus haute que large, légèrement subanguleuse dans le haut, bien arrondie dans le bas; péristome tranchant, un peu évasé surtout dans le bas. Opercule assez profondément enfoncé, corné, finement strié.

DIMENSIONS. — Hauteur totale, 5 à 7 millimètres; diamètre maximum, 4 1/2 à 5 1/2 millimètres.

OBSERVATIONS. — Le *Valvata fluviatilis* dont nous avons étudié un grand nombre d'échantillons, présente quelques variations assez intéressantes à noter; elles portent plus particulièrement sur le profil du dernier tour. Celui-ci est toujours très gros, très développé, mais son profil, surtout à la naissance, est plus ou moins convexe. Tantôt, à la suite de la petite partie méplane qui accompagne la suture, nous voyons une courbe presque exactement arrondie en dessus comme en dessous; tantôt le profil latéral est simplement convexe et se raccorde avec une courbe inférieure bien arrondie; il en résulte, dans le bas du dernier tour, une sorte de fausse carène basale qui règne sur la première moitié environ du dernier tour.

Nous instituerons pour cette espèce des *var. major, minor, elata, depressa, globulosa, subcarinulata*, etc., pour les variétés *ex-forma*. Nous distinguerons également les *var. ex-colore : luteola, viridula, ferruginea, cornea, albida*, qui toutes se définissent d'elles-mêmes.

RAPPORTS ET DIFFÉRENCES. — Comparé au *Valvata contorta*, le *V. fluviatilis* s'en distinguera : à son galbe moins conoïde, plus court et plus ventru; à ses premiers tours moins étagés, moins hauts; à son dernier tour à profil bien moins arrondi, plus gros et plus développé; à sa suture moins prononcée; à son ouverture moins oblique; etc.

HABITAT. — Assez commun, principalement dans le nord et dans l'est
de la France, vivant dans les eaux tranquilles ou peu courantes, assez
pures : Seine-et-Marne, la Meuse, la Côte-d'Or, l'Aube, Saône-et-Loire,
le Rhône, l'Ain, l'Isère, la Drôme, la Savoie, etc.

VALVATA SERVAINI, Locard.

Valvata contorta (pars), Locard, 1882. *Prodrome*, p. 248.

HISTORIQUE. — En publiant notre *Prodrome*, nous avions confondu
cette espèce avec la précédente. L'étude d'un grand nombre d'échantillons nous conduit aujourd'hui à l'en séparer. Nous sommes heureux
de lui donner le nom de notre ami, M. le Dr Georges Servain, président
de la Société malacologique de France, qui, le premier, nous l'a fait
connaître.

DESCRIPTION. — Coquille d'un galbe turriculé, à spire assez haute,
subconique-globuleuse, à tours peu étagés, quoique bien distincts. Test
mince, solide, orné de stries longitudinales un peu flexueuses, très fines,
presque régulières, rapprochées, subégales, visibles en dessus comme en
dessous jusque dans l'ombilic, subopaque ; d'un corné pâle plus ou
moins verdâtre, souvent encroûté. Spire composée de quatre à cinq tours,
les premiers à croissance lente et régulière, à profil convexe, peu hauts,
peu détachés les uns des autres ; dernier tour plus développé et à
croissance plus rapide sur le dernier tiers de sa périphérie, arrondi à sa
naissance puis ensuite un peu déprimé dans sa partie moyenne, avec un
léger méplat au voisinage de la suture, bien arrondi en dessous, bien déclive à son extrémité, d'une hauteur totale sensiblement égale aux trois
quarts de la hauteur de la coquille. Suture assez profonde mais régulière. Sommet lisse, obtus, d'un corné pâle. Ombilic profond, très étroit,
en partie masqué par le développement du bord columellaire. Ouverture oblique, presque exactement circulaire ou à peine un peu plus haute
que large ; péristome continu, relié au dernier tour sur une assez grande
longueur, mince, tranchant, très légèrement évasé dans le bas.

DIMENSIONS. — Hauteur totale, 5 à 6 millimètres ; diamètre maximum,
4 1/2 à 5 millimètres.

OBSERVATIONS. — On peut observer chez cette espèce quelques variations dues, sans doute, à l'influence des milieux. Souvent la taille est

encore plus petite et constitue une *var. minor* bien définie. Souvent aussi le galbe se déprime ou s'allonge de manière à donner naissance à des var. *elongata* et *depressa*; mais toujours on observe cette différence caractéristique dans le développement du dernier tour par rapport au tour précédent, développement qui a lieu surtout en hauteur.

RAPPORTS ET DIFFÉRENCES. — Nous rapprocherons le *Valvata Servaini* du *V. fluviatilis*. On le distinguera : à sa taille plus petite; à son galbe moins élevé avec des tours moins réguliers, à profil moins arrondi, à croissance moins régulière, séparés par une suture moins bien accusée; à son dernier tour proportionnellement plus gros et plus développé en hauteur; à son ouverture plus arrondie.

HABITAT. — Assez commun ; un peu partout; dans les eaux tranquilles ou peu courantes; sur les bords des grands lacs ou étangs : La Maine à Angers (Bourguignat, Servain); la Seine, à Marly, dans Seine-et-Oise (Bourguignat) ; Argenteuil, près de Paris ; les délaissés de la Seine, près de Rouen ; le canal de la Marne au Rhin; les environs de Lille, dans le Nord; les alluvions du Rhône, au nord de Lyon (Loc.); le lac de la Négresse, près de Bayonne (Bourguignat) (1); etc.

VALVATA TOLOSANA, de Saint-Simon

Valvata Tolosana, de Saint-Simon, 1870. *In Ann. Malac.*, I, p. 31. — Locard, 1882. *Prodrome*, p. 248.

HISTORIQUE. — Cette espèce a été signalée pour la première fois par M. de Saint-Simon qui en a donné une bonne description accompagnée des principaux caractères anatomiques. Si nous la décrivons à nouveau, c'est uniquement pour rendre toutes nos descriptions comparatives.

DESCRIPTION. — Coquille d'un galbe turriculé, globuleux, légèrement déprimé, à spire peu haute, à tours supérieurs peu développés et un peu confus. Test mince, assez solide, orné de stries longitudinales légèrement flexueuses, extrêmement fines, souvent même presque obsolètes le test paraissant un peu brillant, assez régulièrement espacées, presque aussi accusées en dessus qu'en dessous à l'entrée de l'ombilic; d'un fauve corné un peu verdâtre. Spire composée de quatre à cinq tours, les premiers à

(1) Rare, dans ces deux dernières localités.

croissance lente et régulière, très peu étagés, à profil convexe; dernier tour très gros, à profil bien arrondi, peu épais à son origine et bien renflé à son extrémité, proportionnellement plus développé en largeur qu'en hauteur. Suture peu profonde, accusée surtout par le profil des tours. Sommet lisse, obtus, un peu brillant. Ombilic profond, très étroit, en partie masqué par le développement du bord columellaire et précédé par un léger évasement creusé dans le dernier tour. Ouverture très oblique, presque exactement circulaire, très vaguement anguleuse à sa partie supérieure; péristome continu, relié au dernier tour sur une faible étendue, mince, tranchant, un peu évasé dans le bas. Opercule concave, offrant une dépression ombilicale centrale, petite, bien accentuée, et des sillons spiraux étroits, séparés par une suture peu sensible. »

DIMENSIONS. — Hauteur totale, 4 à 4 1/2 millimètres; diamètre maximum, 5 à 5 1/2 millimètres.

OBSERVATIONS. — Le *Valvata Tolosana* paraît avoir une allure régulière et constante; cependant nous signalerons des *var. depressa, elata* et *minor*. Sa coloration varie peu.

RAPPORTS ET DIFFÉRENCES. — Par son ombilic si étroitement perforé, le *Valvata Tolosana* se rapproche évidemment des *V. contorta, V. fluviatilis* et *V. Servaini*; mais son galbe est toujours bien moins élevé, sa spire bien moins haute, ses tours supérieurs bien moins développés, son dernier tour plus comprimé et plus arrondi à sa naissance, l'ombilic est accompagné d'une sorte d'entrée formée par une dépression du dernier tour dans son voisinage; etc.

En outre, M. de Saint-Simon le compare en ces termes au *V. piscinalis* que nous étudierons plus loin : « Cette Valvée qui a été confondue avec la *V. piscinalis*, en diffère cependant par sa perforation ombilicale bien plus étroite; par ses tours à croissance plus rapide; par son ouverture plus subangulaire à sa partie supérieure; par son opercule concave, dont les sillons spiraux sont moins accusés. »

HABITAT. — Cette forme paraît cantonnée dans le sud de la France; nous la connaissons dans les localités suivantes : le canal du Midi, à Toulouse, dans la Haute-Garonne (de Saint-Simon, Fagot); Villefranche-Lauraguais; les alluvions de l'Hers, dans la Haute-Garonne (Fagot); Fesquel, Carcassonne, dans l'Aude; l'Auloue, à Valence, dans le Gers; Banyuls-sur-mer, dans les Pyrénées-Orientales (Loc.); le ruisseau d'Urdache, dans les Basses-Pyrénées (col. Bourguignat); etc.

VALVATA SEQUANICA, Locard.

Valvata Sequanica, Locard, 1883. *In Procès-verbaux Soc. amis sciences nat. Rouen*, séance
du 2 août 1883.

HISTORIQUE. — Cette espèce a été découverte, il y a quelques années,
aux environs de Lyon, par M. Bucaille qui a bien voulu nous la communiquer. Nous en avons donné déjà une description sommaire.

DESCRIPTION. — Coquille d'un galbe turriculé, légèrement conique, à
peine un peu plus haute que large, à tours bien étagés et très distincts.
Test mince, assez solide, orné de stries longitudinales un peu flexueuses,
très fines, très rapprochées, subégales, aussi bien accusées en dessous qu'en
dessus jusqu'à l'entrée de l'ombilic ; d'un corné fauve un peu foncé, plus pâle
en dessous qu'en dessus. Spire composée de quatre à cinq tours, à profil très
arrondi et à croissance d'abord un peu lente sur les deux ou trois premiers
tours, puis ensuite extrêmement rapide, de telle sorte que le dernier tour
prend un développement considérable en diamètre plutôt qu'en hauteur ;
dernier tour bien arrondi sur toute sa longueur. Suture profonde, un peu
canaliculée surtout sur les deux derniers tours. Sommet obtus, mais non
déprimé, lisse et brillant, d'un corné foncé. Ombilic très étroit, profond,
en partie masqué par le développement du bord columellaire. Ouverture
exactement circulaire, très oblique ; péristome continu, relevé au dernier
tour sur une très faible étendue, mince, tranchant, très légèrement
évasé dans le bas. Opercule inconnu.

DIMENSIONS. — Hauteur totale, 5 1/2 à 6 millimètres ; diamètre maximum, 5 à 5 1/4 millimètres.

OBSERVATIONS. — Chez toutes les espèces précédentes, le développement du dernier tour se faisait en quelque sorte plus sentir sur la hauteur
que sur la largeur ; ici, c'est exactement le contraire que nous observons.
Cependant l'ombilic de notre *Valvata Sequanica* présente très sensiblement la même allure que celui des formes que nous venons d'étudier ;
c'est pour cette raison que nous l'avons inscrit à la suite du *Valvata Servaini*, pour former une sorte de transition avec le véritable *V. piscinalis*,
dont l'ombilic est déjà notablement plus ouvert.

RAPPORTS ET DIFFÉRENCES. — Comparé aux formes qui précèdent, le
Valvata Sequanica se distinguera : à sa spire moins haute ; à ses premiers

tours d'un diamètre proportionnellement plus étroit par rapport au diamètre de son dernier tour; à son dernier tour beaucoup plus développé en diamètre et notablement moins haut, toujours plus étroitement arrondi; à sa suture plus profonde et comme canaliculée; à son ouverture plus étroitement et plus exactement arrondie; à son test plus finement strié; etc.

HABITAT. — Dans les fossés situés à l'emplacement actuel de la gare du Nord, à Rouen.

VALVATA PISCINALIS, Müller.

Nerita piscinalis, O.-F. Müller, 1774. *Verm. terr. fluv. Hist.*, II, p. 172, n· 358.
? *Trochus cristatus*, Schröter, 1779. *Gesch. Flussconch.*, p. 280, pl. VI, fig. 11.
Helix piscinalis, Gmelin, 1779. *Systema naturæ*, édit. XIII, p. 3627, n· 44.
  — *fascicularis*, Gmelin, 1779. *Loc. cit.*, p. 3641, n· 185.
Turbo cristata, Poiret, 1801. *Coq. Aisne, Prodr.*, p. 29, n° 1.
Cyclostoma obtusum, Draparnaud, 1801. *Tabl. moll.*, p. 39. — 1805. *Hist. Moll.*, p. 33,
  n· 3, pl. I, fig. 14.
Valvata piscinalis, de Ferussac, 1807. *Essai syst. conch.*, p. 75. — Albin Gras, 1840. *In Soc.
  agricult. Isère*, I, p. 464, pl. V, fig. 17. — Dupuy, 1851. *Hist. moll.*, p. 583,
  pl. XXVIII. fig. 13. — Moquin-Tandon, 1855. *Hist. moll.*, II. p. 540. — Bourguignat, 1864. *Malac. Aix-les-Bains*, p. 69, pl. I, fig. 11-15. — Locard, 1882.
  Prodr., p. 248.
Lymnæa fontinalis, Fleming, 1814. *In Edinb. Encyclop.*, VII, I, p. 78.
Cincinna piscinalis, S. Clessin, 1884. *Deutsch. Excurs. Moll. Fauna*, p. 455, fig. 312.

HISTORIQUE. — Plusieurs auteurs anciens auraient décrit et figuré le *Valvata piscinalis*, avant que Othon-Frédéric Müller lui ait, le premier, donné sa dénomination binominale sous le vocable de *Nerita piscinalis*; et pourtant Müller ne donne pour son espèce aucune référence iconographique. Menke le reconnaît dans les figurations de Petiver (1), de Geoffroy (2) et de Martini (3). Il n'y a en effet rien de bien surprenant à ce que les vieux auteurs se soient déjà occupés de cette petite coquille en somme assez commune et dont l'animal, si gracieusement orné de son élégant panache, devait certainement attirer l'attention des curieux de la nature. Malheureusement, toutes ces figurations sont tellement défectueuses et le texte qui les accompagne est si sobre en explications que nous n'osons pas, en vérité, nous prononcer définitivement sur cette

(1) **Petiver**, 1702. *Gazophilacii naturæ*, dec. 1, pl. XVIII, fig. 2.
(2) **Geoffroy**, 1767. *Traité somm. coq. environs Paris*, p. 115, n° 4, pl. III, fig. 27-29.
(3) **Martini**, 1767. *In Berl. Mag.*, IV, III, p. 247.

question qui, du reste, ne présente qu'un intérêt assez secondaire. Il est bien certain que Geoffroy, sous le nom de *Porte-Plumet*, a voulu décrire une forme de Valvée appartenant au groupe qui nous occupe, mais rien ne nous dit, à en juger d'après son texte (1), ou d'après la figuration de Duchesne (2), qu'il s'agisse là plus particulièrement du *Valvata piscinalis*, tel que nous le comprenons aujourd'hui.

Schröter, d'après quelques auteurs, aurait, dans ses écrits, séparé à tort le *Nerita piscinalis* de Müller (3), du *Cochlea depressa cristata* ou *Porte-Plumet* de Geoffroy (4); la figuration qu'il donne de cette dernière coquille a plutôt l'air d'un Planorbe que de n'importe quelle Valvée. Nous inscrirons donc cette dénomination dans notre synonymie avec un point de doute.

Gmelin, d'après les mêmes auteurs, aurait également fait deux espèces du *Valvata piscinalis*, l'une sous le nom d'*Helix piscinalis*, avec la dénomination de Müller en synonymie, l'autre d'*Helix fascicularis* avec la figuration de Schröter pour unique référence iconographique. Quelque temps plus tard, von Alten donna une élégante reproduction de cet *Helix fascicularis* qui le rapproche incontestablement du *Valvata piscinalis* (5).

Dans l'abbé Poiret, nous retrouvons l'appellation spécifique de Geoffroy et de Schröter, modifiée en *Turbo cristata*. Avec Draparnaud, nous voyons identifier le *Porte-Plumet* de Geoffroy avec le *Nerita piscinalis* de Müller et l'*Helix fascicularis* de Gmelin, sous le nom nouveau de *Cyclostoma obtusum*. Mais en même temps nous trouvons chez cet auteur une très bonne et très exacte représentation de notre coquille. C'est cette même forme que de Férussac fils fit rentrer, en 1817, dans le genre *Valvata* en lui rendant sa véritable dénomination spécifique inaugurée par Müller.

Tel est en résumé l'historique fort complexe de cette petite coquille. Depuis cette époque, elle a été comprise assez diversement par les auteurs et par les iconographes, de telle sorte que sous son nom on a souvent confondu plusieurs autres formes appartenant au même groupe, mais spécifiquement distinctes. Parmi les auteurs français, nous citerons

(1) Geoffroy, 1767. *Traité somm. coq. environs Paris*, p. 116: « Sa coquille est peu élevée, fort large, de couleur obscure et transparente. Elle ne décrit que trois tours de spirale, et en dessous elle est perforée dans son milieu par un petit trou. »
(2) Duchesne, 1767. *Rec. coq.*, pl. III, fig. 27 à 29.
(3) *Nerita piscinalis*, Schröter, 1779. *Gesch. flussconch.*, p. 247, n° 61.
(4) *Trochus cristatus*, Schröter, 1779. *Loc. cit.*, p. 280, pl. VI, fig. 11.
(5) Von Alten, 1817. *Systemat. Abhandl.*, p. 74, pl. VIII, fig. 16.

comme bonnes, les figures données par Albin Gras, l'abbé Dupuy, et surtout celles de M. Bourguignat. Moquin-Tandon, sous le nom de *Valvata piscinalis*, a figuré une forme différente que nous décrirons sous le nom de *Valvata Gallica*. A l'étranger, nous citerons également les représentations de Brown (1), Turton (2), Forbes et Hanley (3), Sowerby (4), Kobelt (5), Nordenskiöld et Nylander (6), etc.

DESCRIPTION. — Coquille d'un galbe turriculé, un peu globuleux-déprimé, presque aussi haute que large, à tours étagés et distincts. Test un peu mince, assez solide, orné de stries longitudinales un peu flexueuses, fines, serrées, subégales, aussi bien accusées en dessus qu'en dessous jusqu'à l'entrée de l'ombilic; d'un corné verdâtre passant au jaune pâle ou au ferrugineux plus ou moins foncé, généralement plus coloré en dessus qu'en dessous, souvent encroûté. Spire composée de quatre à cinq tours à profil arrondi, à croissance d'abord un peu lente, puis progressivement de plus en plus rapide jusqu'à l'extrémité ; dernier tour bien arrondi à sa naissance comme à son extrémité, à croissance progressive et régulière. Suture bien accusée mais non canaliculée, marquée surtout par le profil convexe des tours. Sommet obtus, lisse et peu brillant, de même teinte que la coquille. Ombilic étroit, arrondi, laissant difficilement voir une faible partie de l'avant-dernier tour, recouvert sur une très petite étendue par le développement du bord columellaire. Ouverture oblique, presque exactement circulaire ou parfois à peine un peu plus haute que large ; péristome continu, relié au dernier tour sur une assez faible étendue, mince, tranchant, très légèrement évasé au voisinage de l'ombilic. Opercule circulaire, profondément enfoncé, d'un corné fauve, à tours très serrés et nombreux.

DIMENSIONS. — Hauteur totale, 5 à 6 millimètres; diamètre maximum, 5 1/4 à 5 1/2 millimètres.

OBSERVATIONS. — Avec cette espèce, nous voyons pour la première fois l'ombilic s'agrandir au point de laisser voir, quoique difficilement, un peu de l'avant-dernier tour à son intérieur. C'est donc une modification déjà notable sur les espèces que nous avons précédemment étudiées.

(1) Brown, 1845. *Illust. conch.*, p. 27, pl. XIV, fig. 63 *(tantum)*.
(2) Gray, 1857. *Man. land- and fresh. wat. shells Brit. Isl.*, p. 34, fig.; pl. X, fig. 114.
(3) Forbes et Hanley, 1853. *Hist. Brit. Moll.*, III, p. 19, pl. LXXI, fig. 9, 10.
(4) G.-B. Sowerby, 1859. *Ill. index*, pl. XII, fig. 10.
(5) Stein, 1850. *Lebend. Schneck. Musch. Berlins*, p. 86, pl. II, fig. 28.
(6) Nordenskiöld et Nylander, 1856. *Finlands Mollusker*, p. 68, pl. IV, fig. 56.

outre les autres caractères basés sur l'allure du galbe de la coquille. L'examen d'un grand nombre d'échantillons nous a permis de constater les variations suivantes : En premier lieu nous établirons des variétés *major* et *minor* (1), basées sur la taille des sujets ; la var. *minor* est assez commune et s'observe dans des milieux à eaux peu profondes et généralement assez tranquilles. Le galbe nous donne des variétés *elata*, *depressa* (2) et *globulosa*, dues sans doute plus encore à des modifications individuelles qu'à des influences de milieu. Mais dans ces variations, on retrouve toujours cette forme si caractéristique du type avec ses tours arrondis et à croissance progressive que nous n'avons pas observée dans les espèces précédentes.

Nous signalerons de nombreuses variétés *ex-colore* dépendant évidemment de la nature des milieux où elles ont été appelées à vivre. Nous distinguerons notamment les *var. luteola*, *viridula* (3), *ferruginea*, *carneola*, *albida*, *opaca* (4), etc. Souvent aussi un léger encroûtement plus ou moins apparent recouvre la coquille, surtout lorsqu'elle appartient à des sujets déjà un peu âgés.

Nous avons également observé quelques curieuses anomalies. Nous avons reçu de la Seine, à Rouen, une jolie forme sénestre. Moquin-Tandon avait signalé cette même anomalie aux environs de Toulouse (5). Les coquilles subscalaires, celles surtout chez lesquelles une partie de l'extrémité du dernier tour est détachée du reste du test ne sont pas très rares. Ce sont là évidemment des cas tératologiques purement individuels.

RAPPORTS ET DIFFÉRENCES. — Par l'allure de son ombilic plus large, le *Valvata piscinalis* se distingue déjà facilement des formes précédentes. Son galbe relativement peu élevé, avec des tours bien arrondis, ne nous permet de le rapprocher que du *Valvata Sequanica*. On le distinguera donc de cette espèce : à sa spire moins haute, d'un galbe plus globuleux-déprimé ; à son mode d'accroissement beaucoup plus régulier dans tout son ensemble ; à ses tours supérieurs moins étagés ; à son dernier tour proportionnellement plus haut et d'un moindre diamètre ; à sa suture plus profonde ; etc.

(1) A. Locard, 1880. *Etudes sur les variations malacologiques*, I, p. 383.
(2) A Locard, 1880. *Loc. cit.*, p. 383.
(3) A. Locard, 1880. *Loc. cit.*, p. 383.
(4) De Mortillet, 1860. *Annexion à la faune malacologique de France*, p. 8.
(5) Moquin-Tandon, 1855. *Hist. Moll.*, I, p. 322.

Habitat. — Le *Valvata piscinalis* paraît avoir une extension géographique très étendue. Nous le connaissons : en Angleterre, en Danemark, en Suède, en Amérique, et tout récemment, M. Agardh Westerlund l'a signalé dans les parties les plus septentrionales de la Norvège et de la Russie (1). En France, il vit dans les eaux stagnantes ou peu courantes, assez claires et limpides, dans les marais, lacs ou étangs, dans les ruisseaux et les rivières à faible courant. Nous le possédons des stations suivantes : Cabourg (Calvados); Cherbourg (Manche); les environs de Rouen (Seine-Inférieure); la Marne, aux environs de Lagny et de Meaux (Seine-et-Marne); la Seine, aux environs de Paris; Issoudun (Indre); Fontenay-le-Comte (Vendée); Feurs (Loire); Châtillon-sur-Seine (Côted'Or); les alluvions du Rhône, au nord de Lyon (Ain, Rhône); le lac du Bourget (Savoie); Romans (Drôme); Arles, Barbentannes (Bouches-duRhône); etc.

VALVATA GALLICA, Locard.

Turbo fontinalis, Montagu, 1803. *Test. Brit.*, p. 348, n° 65. — 1808. *Suppl.*, p. 182, pl. XXII, fig. 4.
Valvata piscinalis (pars, non Müller*),* de Blainville, 1826. *Faune française*, pl. XII, C, fig. 6.
— Brown, 1845. *Illust. conch.*, pl. XIV, fig. 62 et 65 *(tantum).* — Moquin-Tandon, 1855. *Hist. Moll.*, II, pl. XLI, fig. 16 à 19. — Reeve, 1863. *Land. fresch. Moll.*, p. 198, fig. — Jeffreys, 1869. *Brit. conch.*, pl. IV, fig. 8.

Historique. — Comme nous l'avons expliqué précédemment, sous le nom de *Valvata piscinalis* un certain nombre d'auteurs ont confondu plusieurs formes bien distinctes. Nous citerons notamment une coquille d'un galbe et d'une allure toute particulière, que Montagu, de Blainville, Brown, Moquin-Tandon, Reeve, Jeffreys, ont figurée sous le nom de *Valvata piscinalis* et qui pourtant s'en distingue nettement, ainsi qu'il est facile de s'en convaincre par l'examen des figurations que nous avons relevées dans nos différentes synonymies.

D'après les règles de la nomenclature, le nom de *Turbo fontinalis*, proposé par Montagu devrait prévaloir, si tant est que sa description se rapporte plutôt à notre nouvelle Valvée qu'au *Valvata piscinalis*. Mais comme il existe déjà un *Valvata piscinalis*, la question est toute tranchée. Nous proposons pour cette espèce le nom de *Valvata Gallica*.

(1) Westerlund, 1889. *In Comptes rendus Acad. sciences Paris*, CVIII, p. 1315.

DESCRIPTION. — Coquille d'un galbe turriculé-subglobuleux, presque
aussi haute que large, à tours peu étagés et pas très distincts. Test un
peu mince, assez solide, orné de stries longitudinales un peu flexueuses,
fines, serrées, subégales, aussi bien accusées en dessus qu'en dessous
jusqu'à l'entrée de l'ombilic ; d'un corné verdâtre, passant au jaune plus ou
moins pâle ou au ferrugineux plus ou moins foncé, ordinairement un peu
plus coloré en dessus qu'en dessous, souvent encroûté. Spire composée
de quatre à cinq tours à profil convexe, les premiers à croissance lente et
régulière ; dernier tour très gros, très renflé, convexe dans son ensemble
depuis son origine jusqu'à son extrémité, mais proportionnellement plus
développé en largeur qu'en hauteur, plus arrondi en dessous qu'en dessus.
Suture peu profonde, peu accusée sur les premiers tours, plus marquée à
son extrémité. Sommet lisse, obtus, un peu brillant, de même teinte que
la coquille. Ombilic étroit, arrondi, laissant voir très difficilement un peu
de l'avant-dernier tour dans sa profondeur, légèrement masqué par le
développement du bord columellaire. Ouverture oblique, presque exactement circulaire ou parfois à peine un peu plus large que haute ; péristome continu, relié au dernier tour sur une assez faible étendue,
mince, tranchant, très légèrement évasé au voisinage de l'ombilic.
Opercule circulaire, assez profondément enfoncé, d'un corné fauve, à
tours serrés et nombreux.

DIMENSIONS. — Hauteur totale, 4 3/4 à 5 3/4 millimètres ; diamètre
maximum, 5 1/4 à 5 1/2 millimètres.

OBSERVATIONS. — Chez les espèces précédentes, et notamment chez le
Valvata piscinalis dont la taille est la même et dont le galbe est assez
voisin, les tours étaient plus ou moins arrondis, tandis qu'ici les premiers surtout ne sont plus que convexes ; en outre, par suite du mode
d'enroulement de la coquille, le haut de la spire avait des tours distincts,
séparés par une suture bien accusée ; ici, au contraire, les derniers
tours sont peu développés, la suture est peu accusée, de telle sorte que la
coquille est en très grande partie constituée par le développement du
dernier tour ; mais cette fois comme chez les *Valvata piscinalis* et *V. Sequanica*, ce développement se fait plutôt en largeur qu'en hauteur, c'est-
à-dire à l'inverse de ce que nous voyons chez les *Valvata contorta* et
V. Servaini. Enfin l'ombilic présente très sensiblement la même allure
que celui du *Valvata piscinalis*.

Ce galbe particulier étant ainsi défini, nous observerons chez notre

Valvata Gallica, des *var. major, minor, elata, alta, globulosa, depressa,*
toutes basées sur l'allure de la coquille et qui se définissent d'elles-
mêmes. En outre, nous signalerons également les *var. ex-colore* suivantes : *luteola, viridula, ferruginea, albida, carneola, etc.*

Sous le nom de *Valvata piscinalis, var. carneolata,* M. A. Baudon a
décrit et figuré (1) un individu unique d'une forme très intéressante, qui
nous paraît appartenir plutôt au *Valvata Gallica* qu'au véritable *Valvata
piscinalis.* Cette variété est ornée de « stries transversales saillantes,
coupées en travers par des stries longitudinales, ce qui produit un treillis
fort élégant ». Peut-être est-ce à la même espèce qu'il convient également de rapporter la curieuse forme scalaire que nous voyons représentée
dans la même planche.

RAPPORTS ET DIFFÉRENCES. — Par l'ensemble de son galbe comme par
l'allure de son ombilic, nous ne pouvons rapprocher cette espèce que du
Valvata piscinalis. Elle s'en distinguera : à ses tours supérieurs notablement moins hauts, moins étagés, toujours moins arrondis ; à sa suture bien
moins accusée ; à son dernier tour plus gros, plus renflé en hauteur pour
un même diamètre, avec un profil moins bien arrondi surtout à la naissance, et dans toute la partie supérieure jusqu'au voisinage de l'extrémité ; etc.

HABITAT. — Cette forme nous semble presque aussi répandue que la
précédente et paraît vivre à peu près dans les mêmes milieux. Nous
l'avons observée en France, dans les stations suivantes : Canal de la
Marne au Rhin ; Boulogne-sur-Seine, près de Paris ; Argenteuil, Ver-
sailles, etc. (Seine-et-Oise) ; Bar-sur-Seine (Aube) ; Canal du Nivernais,
Moulins (Allier) ; Auxonne (Côte-d'Or) ; Châlon-sur-Saône (Saône-et-
Loire) ; les alluvions du Rhône, au nord de Lyon (Rhône, Ain) ; le lac
du Bourget, près d'Aix-les-Bains (Savoie) ; l'île de Trontemoult, à
Nantes (Loire-Inférieure) [col. Bourguignat] ; les environs de Bayonne
(Basses-Pyrénées) [col. Bourguignat] ; etc. (2).

---

(1) Baudon, 1884. *Troisième catalogue des mollusques vivants du département de l'Oise,
in Journ. Conch.,* t. XXXII, p. 294, pl. IX, fig. 8 (tir. à part, p. 102).

(2) A la suite de cette espèce doit prendre place une forme italienne que nous n'avons pas
encore observée en France et que nous avons trouvée dans la collection de M. Bourguignat
sous le nom de *Valvata pornæ.* Nous croyons intéressant d'en donner ici une description
sommaire :

Valvata pornæ, BOURGUIGNAT. — Coquille de taille un peu plus petite, d'un galbe subglobuleux, à tours bien étagés et bien distincts ; test orné de stries longitudinales flexueuses,

VALVATA MERETRICIS, Bourguignat.

Valvata meretricis, Bourguignat, 1889. *In collect.*

HISTORIQUE. — Cette espèce est encore une forme italienne, mais que nous retrouvons en France dans plusieurs localités. Le type de M. Bourguignat vient de San-Germano, dans la Campanie, où il paraît vivre avec le *Valvata pornæ*, quoiqu'il y soit plus rare.

DESCRIPTION. — Coquille d'un galbe globuleux, à spire très courte, à tours peu étagés, quoique bien distincts. Test un peu mince, assez solide, orné de stries longitudinales légèrement flexueuses, extrêmement fines, très rapprochées, subégales, aussi accusées en-dessus qu'en-dessous jusqu'à l'entrée de l'ombilic ; d'un corné fauve passant au verdâtre et au ferrugineux. Spire composée de quatre à cinq tours, les trois premiers légèrement convexes, à peine saillants au-dessus de la coquille, à croissance lente et régulière ; avant-dernier tour à profil plus convexe, à croissance plus rapide ; dernier tour très gros, très renflé en épaisseur et en largeur, constituant à lui seul presque toute la coquille, à profil méplan vers la suture, ensuite convexe-arrondi sur le côté, puis bien rond au-dessous. Suture profonde, comme canaliculée sur tous les tours. Sommet aplati, lisse, brillant, de même teinte que le reste de la coquille. Ombilic étroit, profond, laissant difficilement voir un peu de l'avant-dernier tour dans sa profondeur, très légèrement masqué par le développement du bord columellaire. Ouverture oblique, arrondie, un peu plus haute que large, légèrement rétrécie dans le haut. Péristome continu, relié au dernier tour sur une très faible étendue, mince, tranchant, à

extrêmement fines, subégales, très rapprochées ; spire composée de quatre à cinq tours, à profil un peu méplan en dessus, ensuite simplement convexe, les premiers à croissance lente et régulière ; dernier tour à croissance beaucoup plus rapide, développé surtout en hauteur, méplan en dessus, convexe sur le côté et bien arrondi en dessous ; suture bien marquée par suite de la forme méplane des tours à leur partie supérieure ; ombilic étroit, laissant difficilement voir l'avant-dernier tour ; ouverture oblique, presque circulaire, ou à peine un peu plus haute que large. — Hauteur totale, 5 millimètres ; diamètre maximum, 5 millimètres.

Cette coquille tient, comme on le voit, de nos trois dernières espèces ; ses tours sont aussi étagés, aussi nettement distincts que chez le *Valvata Sequanica*, mais son dernier tour est beaucoup moins large et beaucoup plus haut ; son ombilic rappelle celui du *Valvata piscinalis*, mais son dernier tour est plus gros et plus renflé ; enfin, le dernier tour présente quelque analogie comme profil avec celui du *Valvata Gallica*, tandis que ses autres tours sont plus étagés et bien plus distincts.

Le *Valvata pornæ* habite la Toscane et San Germano dans la Campanie.

peine évasé dans le bas. Opercule corné, assez profondément enfoncé, à tours serrés et nombreux.

DIMENSIONS. — Hauteur totale, 4 1/2 à 5 millimètres; diamètre maximum, 5 à 5 1/2 millimètres.

OBSERVATIONS. — Avec le *Valvata meretricis* le galbe et le mode d'allure des valves commencent à se modifier notablement. C'est toujours une coquille à ombilic simplement étroit comme celui des *Valvata piscinalis* et *V. Gallica*, mais la spire est notablement plus surbaissée, au point que les premiers tours s'enroulent dans un même plan; l'avant-dernier tour seul fait saillie dans le profil de la coquille, et le dernier tour bien développé en hauteur et en largeur occupe presque tout l'ensemble. C'est grâce à la structure particulièrement canaliculée de la suture que l'on arrive à bien distinguer les tours les uns des autres. Nous distinguerons chez cette espèce des variétés *minor*, *depressa*, *alta*, *ferruginea*, *cornea* et *viridula*, qui se définissent toutes d'elles-mêmes.

RAPPORTS ET DIFFÉRENCES. — Par son ombilic, le *Valvata meretricis* ne peut être confondu qu'avec les *Valvata Gallica* et *V. piscinalis*. On le distinguera toujours de ces deux espèces : à son galbe plus globuleux; à sa spire beaucoup moins haute; à ses premiers tours non visibles quand on regarde la coquille de profil avec le sommet en l'air; à son dernier tour plus développé à la fois en hauteur et en largeur; à sa suture canaliculée; à son ouverture plus haute; à ses stries plus fines et plus rapprochées, etc. Ces mêmes caractères serviront également à le différencier de toutes les autres formes précédemment étudiées.

HABITAT. — Cette espèce nous paraît plus particulièrement méridionale. Nous l'avons vue dans la collection de M. Bourguignat provenant des marais du Boucau et du lac de la Négresse, près de Bayonne, dans les Basses-Pyrénées; nous l'avons également reçue de Moulins, dans l'Allier, où elle paraît assez rare.

VALVATA OBTUSA, Brard.

? *Neritula obtusa*, Studer, 1789. *Faunul Helvet.*, *in* Coxe, *Trav. Switz*, p. 436.
Valvata obtusa, Brard, 1815. *Coq. env. Paris*, p. 190 *(excl. syn.)*, pl. VI, fig. 17. — Bourguignat, 1864. *Malac. Aix-les-Bains*, p. 68, pl. I, fig. 16-20. — Locard, 1882. *Prodr.*, p. 249.
— *piscinalis (pars auct.)*.

HISTORIQUE. — Dans son premier volume sur la faune malacologique de la Suisse, publié dans le *Voyage en Suisse*, de William Coxe, Studer cite sans autre explication le *Neritula obtusa (sive piscinalis obtuse nerite)*. Dans son second mémoire, qui parut en 1820 (1), le même auteur cite le *Valvata obtusa* en donnant comme référence iconographique le *Cyclostoma obtusum*, de Draparnaud.

Dans cet intervalle, Brard avait également établi le *Valvata obtusa* sur le *Porte-plumet*, de Geoffroy, et le *Cyclostoma obtusum*, de Draparnaud. Mais la figuration qu'il donne est incontestablement différente de celle de ce dernier auteur, et en outre elle s'applique très exactement à une forme assez commune en France et qui a été retrouvée non loin de la station déjà citée par Brard. En présence de ces faits, nous inscrivons avec un point de doute la dénomination de Studer qui n'est pas régulièrement confirmée, et nous attribuons avec M. Bourguignat à Brard la paternité du *Valvata obtusa*, en excluant, bien entendu, de sa description une synonymie qui ne s'y rapporte nullement. Enfin M. Bourguignat a donné d'excellents dessins de cette coquille qui font parfaitement ressortir ses caractères différentiels avec le *Valvata piscinalis* notamment, forme avec laquelle quelques auteurs la confondent.

M. H. Drouët donne de cette espèce (2), dont il fait une variété du *Valvata piscinalis*, une description qui diffère sensiblement de celle de tous les auteurs : « Coquille plus ramassée, moins élevée, avec quatre ou cinq petites arêtes ou carinules, visibles surtout sur le dernier tour, vers l'ombilic, etc. » Il s'agit là évidemment, non pas du type normal du *Valvata obtusa*, dont le test est simplement strié longitudinalement, mais d'une variété *carinulata*, fort rare et plutôt individuelle que générale.

DESCRIPTION. — Coquille d'un galbe déprimé subglobuleux, à spire peu élevée, à tours plus étagés mais assez distincts. Test un peu mince, assez solide, orné de stries longitudinales légèrement flexueuses, très fines, parfois même un peu obsolètes, assez rapprochées, subégales, presque aussi accusées en dessus qu'en dessous jusqu'à l'entrée de l'ombilic ; d'un corné fauve, plus ou moins verdâtre ou grisâtre, passant parfois au roux ferrugineux. Spire composée de quatre à cinq tours, les premiers légè-

---

(1) Studer, 1820. *Syst. Verzeichniss der biz jetzt bekannt gewordenen Schweizer-Conchylien*, p. 23.

(2) H. Drouët, 1866. *Mollusques terrestres et fluviatiles de la Côte-d'Or*, in *Mém. Acad. Dijon*, p. 125 (tir. à part, p. 93).

rement convexes, peu saillants, non étagés, à croissance lente et régulière ; dernier tour très gros, très renflé, développé en hauteur et en largeur, à profil arrondi depuis sa naissance jusqu'à son extrémité, sans
partie méplane apparente au voisinage de la suture. Suture peu profonde,
simplement linéaire, accusée surtout par le profil des tours. Sommet obtus,
lisse, d'un corné souvent plus pâle que le reste de la coquille. Ombilic
étroit, laissant voir difficilement une faible partie de l'avant-dernier
tour, légèrement masqué par le développement du bord columellaire.
Ouverture oblique, arrondie, un peu plus haute que large, légèrement
rétrécie dans le haut ; péristome continu, relié sur une faible étendue avec
le dernier tour, mince, tranchant, légèrement évasé dans le bas. Opercule corné, assez profondément enfoncé, à tours serrés et nombreux.

DIMENSIONS. — Hauteur totale, 5 à 5 1/2 millimètres ; diamètre maximum, 5 à 5 1/4 millimètres.

OBSERVATIONS. — Chez cette espèce, comme chez la précédente, le dernier tour est très développé en hauteur et en diamètre, par rapport aux
tours précédents ; mais ici la suture n'est plus que simplement linéaire,
et les tours avec leur profil simplement convexe ne s'étagent pas aussi
bien les uns au dessus des autres que chez les espèces précédentes.

Chez certains individus provenant en général de milieux à eaux peu
profondes ou à niveau variable, nous observons que le test n'est plus
simplement strié, mais qu'il paraît couvert de fines malléations assez
régulièrement espacées sur le dernier tour, et plus particulièrement dans
la région moyenne et supérieure de ces tours.

Nous distinguerons les variétés suivantes chez le *Valvata obtusa :*
depressa, variété encore assez commune, et chez laquelle le développement se fait plus encore dans le sens du diamètre que dans celui de la
hauteur ; *globulosa,* exactement aussi haute que large ; *carinulata* (Drouët),
et *malleata* dont nous avons déjà parlé plus haut ; *minor, luteola, viridula* (1), *ferruginea, albida,* (2) etc.

RAPPORTS ET DIFFÉRENCES. — Cette forme ayant été souvent confondue
avec diverses des espèces précédentes, il importe d'en bien faire ressortir

---

(1) Rappelons ici que de Charpentier a cité et figuré (1837. *Catalogue des Mollusques terrestres et fluviatiles de la Suisse,* p. 22, pl. II, fig. 19) une bien curieuse monstruosité
scalaris simulque contraria, trouvée en 1819 à l'extrémité orientale du lac de Brenet (vallée
du lac de Joux).

(2) Nous avons déjà signalé cette variété dans nos *Etudes sur les variétés malacologiques,*
I, p. 384.

les caractères différentiels pourtant si précis. Comparée au *Valvata mere-tricis*, on la distinguera : à sa spire plus haute ; à ses tours supérieurs enroulés suivant une ligne plus oblique et non presque dans le même plan ; à sa suture beaucoup plus superficielle ; au profil de ses tours moins arrondis ; à son dernier tour moins grand, moins renflé par rapport à l'ensemble de la coquille ; etc.

Rapproché du *Valvata piscinalis*, on le reconnaîtra : à ses tours supérieurs plus confus, avec un profil moins arrondi ; à sa suture plus simple, moins profonde ; à son dernier tour plus gros, plus renflé, surtout en hauteur, avec un profil moins bien arrondi ; à son ouverture moins circulaire, plus rétrécie dans le haut ; à son test plus finement strié ; à son ombilic un peu moins ouvert ; etc.

Comparé au *Valvata Gallica*, on le séparera : à son galbe plus globuleux, plus arrondi dans son ensemble ; à sa spire plus pointue ; à ses tours supérieurs moins bien profilés, moins nettement élargis ; à sa suture plus simple, plus linéaire ; à son diamètre moins gros, moins développé en hauteur, à profil plus arrondi ; à son ombilic un peu plus ouvert ; à son test plus finement strié ; etc.

Ces mêmes caractères le distingueront *a fortiori* des autres formes que nous avons précédemment examinées.

Habitat. — Commun ; dans les eaux tranquilles ou peu courantes, assez pures. Principalement dans le nord et dans l'est de la France ; nous l'avons observé dans les localités suivantes : l'Aisne (Lallemant et Servain) ; la Côte-d'Or (Drouët) ; le lac du Bourget, en Savoie (Bourguignat) ; les environs de Paris (Brard) ; Moulins, dans l'Allier ; les environs de Rouen, dans la Seine-Inférieure ; Lagny, Meaux, dans Seine-et-Marne ; Cuiseaux, dans la Haute-Saône (Loc.) ; la Maine, à Angers, dans Maine-et-Loire (col. Bourg.); l'Ouche, la Morge, dans la Côte-d'Or, (Drouët) ; etc. (1).

(1) **A** la suite de celle espèce doit prendre place l'espèce italienne suivante dont nous devons la connaissance à **M.** Bourguignat. Nous en donnons ici une description sommaire.

Valvata Pisana, Bourguignat. — Coquille de taille assez petite, d'un galbe globuleux-subconique, à tours supérieurs assez bien distincts ; test mince, assez solide, d'un corné pâle, un peu brillant, avec des stries longitudinales presque obsolètes ; quatre à cinq tours de spire, à profil arrondi, les premiers enroulés dans un même plan, l'avant-dernier déjà plus gros et bien arrondi, le dernier très gros, très renflé, à profil bien arrondi, accompagné dans le haut, d'une étroite partie méplane ; suture profonde, bien distincte ; sommet non saillant ; ombilic étroit ; ouverture oblique et bien arrondie. — Hauteur totale, 4 à 4 1/2 ; diamètre maximum, 4 à 4 1/4 millimètres.

Cette espèce, au premier abord présente un galbe assez analogue à celui du *Valvata obtusa*

VALVATA DEPRESSA, C. Pfeiffer.

Valvata depressa, C. Pciffer, 1821. *Syst. Deutsch.*, I, p. 100, pl. IV, fig. 83 *(non pars auctorum)*.

HISTORIQUE. — En 1821, Carl Pfeiffer, sous le nom de *Valvata depressa*, décrivit en ces termes une petite Valvée nouvelle : « *V. testa turbinata, umbilicata ; spira depressa, obtusa ; apertura circinata, patula.* » Il la plaça à la suite du *Valvata obtusa* de Brard, en faisant observer que sa nouvelle espèce avait quelques ressemblances avec les jeunes individus appartenant à cette dernière forme. On remarquera que dans sa diagnose, le galbe de la coquille est défini par ces mots : *turbinata* et *umbilicata*, que nous retrouvons également dans la diagnose du *Valvata obtusa (V. .testa turbinata, umbilicata ; spira convexa, obtusa ; apertura circinata)*. Il faut donc nécessairement en conclure que ces deux espèces sont réellement voisines et qu'elles appartiennent au même groupe. En outre, la figuration qui accompagne la diagnose du *Valvata depressa* représente incontestablement une coquille appartenant au groupe du *Valvata piscinalis*.

Cependant, malgré ce que nous venons de relever, nous avons reçu à maintes reprises et de différents auteurs, sous le nom de *Valvata depressa*, une forme absolument différente, n'appartenant pas même à ce groupe, mais bien au groupe du *Valvata Macei* que nous examinerons plus loin. Se basant sans doute sur une fausse interprétation du mot *depressa* qui qualifie l'espèce de Carl Pfeiffer, la plupart des auteurs ont donné ce nom à une forme complètement déprimée, ne ressemblant nullement à la figuration de Carl Pfeiffer. C'est ainsi, par exemple, que MM. Kobelt et S. Clessin (1) ont décrit et figuré, sous les noms de *Valvata depressa* (2) et de *Tropidina depressa*, une coquille dans laquelle il nous a été impossible de retrouver le type de Carl Pfeiffer et qui nous paraît être très vraisemblablement le *Valvata Macei* de M. Bourguignat.

Nous rétablirons donc le *Valvata depressa* tel que l'a décrit et figuré Carl Pfeiffer, d'après les échantillons d'Allemagne que nous a communiqués

mais vue de près elle s'en distingue de suite par le mode d'enroulement de ses tours qui sont bien plus convexes, et que sépare une suture bien plus accusée. En outre, nous n'avons pas encore observé dans ce groupe de Valvées dont le test soit aussi lisse et aussi brillant.

Le *Valvata Pisana* vit dans les ruisseaux des environs de Pise, en Italie.

(1) Kobelt, 1871. *Fauna Nassauischen Moll.*, p. 211, pl. V, fig. 21.

(2) S. Clessin, 1884. *Deutsch. Excurs. Moll.*, 3ᵉ édit., p. 460, fig. 317.

M. Bourguignat; échantillons qui sont, du reste, absolument conformes à nos échantillons français.

DESCRIPTION. — Coquille d'un galbe subglobuleux-déprimé, beaucoup plus aplatie en dessus qu'en dessous, à tours très peu étagés, quoique assez distincts. Test mince, assez solide, orné de stries longitudinales légèrement flexueuses, très fines, bien rapprochées, subégales, presque aussi marquées en dessus qu'en dessous jusqu'à l'entrée de l'ombilic; d'un fauve corné verdâtre, passant parfois au brun plus ou moins ferrugineux ou simplement au roux sombre. Spire composée de trois et demi à quatre tours, les premiers très peu saillants, à profil simplement convexe, non étagés, à croissance lente et régulière; dernier tour très gros, très renflé, développé surtout dans le sens de la hauteur, à profil bien arrondi depuis sa naissance jusqu'à son extrémité, bien descendant au voisinage de l'ouverture. Suture assez accusée surtout au dernier tour. Sommet très obtus, lisse, d'un corné de même teinte que le reste de la coquille. Ombilic très profond, assez étroit, laissant voir cependant l'avant-dernier tour sur une faible largeur et sur au moins la moitié de sa longueur. Ouverture oblique, bien arrondie; péristome continu, relié sur un faible largeur avec le dernier tour mince, tranchant, à peine un peu évasé dans le bas. Opercule corné, profondément enfoncé, un peu concave en son milieu, à tours nombreux et rapprochés.

DIMENSIONS. — Hauteur totale, 3 à 3 1/2 millimètres; diamètre maximum, 4 à 4 1/4 millimètres.

OBSERVATIONS. — Avec le *Valvata depressa*, nous voyons l'ombilic commencer à s'élargir, de façon à laisser voir une partie de l'avant-dernier tour; il s'élargira encore davantage avec le *V. Alpestris*, avant de prendre la forme bien nettement évasée du second groupe de nos Valvées, pour atteindre ensuite, dans le groupe suivant, une amplitude de plus en plus grande. En même temps sa spire se comprime de plus en plus, de telle sorte que le dessus de la coquille est toujours beaucoup moins développé que le dessous.

On observe chez le *Valvata depressa*, plusieurs variétés *ex-forma* et *ex-colore*: Nous citerons notamment les var. *depresiuscula*, *globulosa*, *major*, *minor*, *luteola*, *albida*, *viridula*, *ferruginea* qui se définissent d'elles-mêmes.

RAPPORTS ET DIFFÉRENCES. — Comme l'a fait observer Carl Pfeiffer, le *Valvata depressa* ressemble assez à un jeune *Valvata obtusa*. On distinguera toujours la première de ces deux espèces : à sa taille plus petite ; à son galbe plus déprimé en dessus, quoique le dessous soit assez analogue ; à ses premiers tours encore moins saillants ; à son ombilic un peu plus large et laissant mieux voir l'avant-dernier tour ; à son dernier tour proportionnellement plus développé en hauteur qu'en diamètre ; à son ouverture plus exactement circulaire ; à son opercule plus profondément enfoncé, etc.

Habitat. — Peu commun, mais ordinairement en colonies assez populeuses, dans les eaux calmes et tranquilles ; nous le connaissons dans les stations suivantes : Hondainville, dans l'Oise ; les environs de Troyes, dans l'Aube ; les environs du Mans, dans la Sarthe ; Hyères (col. Bourguignat), et le Puget, près de Fréjus (Nob.), dans le Var ; etc. (1)

VALVATA ALPESTRIS, Blauner.

Valvata alpestris. Blauner, 1853. *In* Kuster, *apud* Martini et Chemnitz, *Gen. Palud.*,
      Hydrob. et Valv., 2ᵉ édit., p. 68, pl. XIV, fig. 17-18. — Bourguignat, 1864. *Malac.*
      Aix-les-Bains, p. 69, pl. I, fig. 6 à 10. — Locard, 1882. *Prodr.*, p. 249.
Cincinna alpestris, S. Clessin, 1884. *Deutsch. excurs. Moll.*, p. 456, fig. 313.

Historique. — Cette espèce, la dernière du groupe, paraît avoir été longtemps confondue avec le *Valvata piscinalis* ou quelque autre forme voisine. Kuster, dans les suites du grand ouvrage de Martini et Chemnitz, en a donné pour la première fois la description appuyée sur une figuration assez médiocre. M. Bourguignat, dans sa *Malacologie d'Aix-les-Bains*, a très exactement représenté cette jolie petite coquille.

Description. — Coquille d'un galbe turriculé, déprimé-subglobuleux, à spire peu haute, à tours bien étagés et bien distincts. Test un peu mince, assez solide, orné de stries longitudinales, légèrement flexueuses, très fines, parfois même obsolètes, très rapprochées, presque égales, aussi accusées en dessus qu'en dessous à l'entrée de l'ombilic ; d'un corné fauve clair, passant au verdâtre ou au grisâtre. Spire composée de quatre à cinq tours à profil arrondi, les premiers à croissance un peu lente mais régulière, le dernier à croissance beaucoup plus rapide, à profil bien arrondi, développé surtout en largeur, avec une partie méplane en dessus

1 Outre la station typique indiquée par Carl Pfeiffer, nous signalerons également cette espèce, d'après la collection de M. Bourguignat, à Hambourg, à Zurich, et à Céphise près Athènes.

au voisinage de la suture. Suture bien marquée par le profil des tours. Sommet obtus, légèrement saillant, lisse et brillant, de même teinte que le reste de la coquille. Ombilic très profond, arrondi, évasé au dernier tour, un peu étroit, laissant voir sur une assez faible largeur au moins la moitié de la longueur totale du bord interne de l'avant-dernier tour. Ouverture oblique, presque exactement circulaire ; péristome continu, relié sur une assez faible étendue avec l'avant-dernier tour, mince, tranchant, assez évasé dans le bas. Opercule corné, assez profondément enfoncé, à tours nombreux et rapprochés.

DIMENSIONS. — Hauteur totale, 5 à 6 millimètres; diamètre maximum, 4 1/2 à 5 millimètres.

OBSERVATIONS. — Avec le *Valvata Alpestris*, nous terminons le premier groupe des Valvées. Chez cette espèce l'ombilic s'élargit notablement plus que dans les espèces qui précèdent, de telle façon que l'on peut voir facilement à l'intérieur une partie de l'avant-dernier tour, ce qui était chose difficile ou impossible avec les formes précédentes.

Nous observons dans l'allure du test certaines variations intéressantes à noter. Dans des individus de la Suisse qui nous ont été envoyés jadis par M. Mousson, le test est orné de stries très fines, très régulières, bien visibles à la loupe; au contraire, dans des sujets provenant de différentes localités du Var, ces stries sont à peine visibles, et le test paraît comme lisse et un peu brillant. Nous désignerons cette dernière forme sous le nom de *var. lœvigata*. Nous avons également observé des *var. alta, depressa, globulosa, minor, luteola, viridula, albida, etc.*, un peu partout.

RAPPORTS ET DIFFÉRENCES. — Par l'allure de son ombilic, cette espèce se distingue immédiatement de toutes celles qui précèdent. Son galbe a quelque rapport avec celui du *Valvata piscinalis*, mais on le distingue à sa spire moins haute ; à son dernier tour plus comprimé, plus développé en largeur ; à ses autres tours moins élevés et d'un plus grand diamètre ; à son ouverture encore plus arrondie ; etc. Enfin, comparé au *Valvata obtusa*, dont le galbe est également moins globuleux que celui des autres Valvées de ce groupe, on le reconnaîtra : à ses tours bien étagés, séparés par une suture bien plus marquée, avec un profil bien plus arrondi ; à son dernier tour moins globuleux, moins haut et d'un plus grand diamètre ; à son ombilic; etc.

HABITAT. — Cette espèce suisse se retrouve dans l'est et dans le midi de la France. Nous la connaissons dans les localités suivantes : le lac du

Bourget, en Savoie (Bourguignat); le lac d'Annecy, dans la Haute-Savoie
(Loc.); Draguignan, Saint-Valery, le Puget, etc. (Loc.), Correns , source
de l'Estang, à Lorgues (Bérenguier), dans le Var ; Ascain, dans les
Basses-Pyrénées (J. Mabille); etc. (1).

B. — Groupe du V. *Fagoti*.

Ce groupe renferme des coquilles de petite taille, d'un galbe subglobuleux-déprimé, à spire peu haute, avec les premiers tours relativement
peu développés et peu saillants; l'ombilic, quoique assez étroit, laisse
néanmoins voir assez facilement une partie des tours supérieurs. Ce
groupe ne renferme que deux espèces seulement.

VALVATA FAGOTI, Bourguignat.

alvata Fagoti, Bourguignat, 1881. *In* Fagot, *Diagn. Moll. nouveaux, in Ann. Soc. zool.
France*, p. 141. — Locard, 1882. *Prodr.*, p. 250.

HISTORIQUE. — Cette petite coquille a été découverte dans la Charente-Inférieure, par M. le D\u1d63 Jousseaume. M. P. Fagot en a donné une
très bonne description.

DESCRIPTION. — Coquille de petite taille, d'un galbe un peu déprimé,
à spire courte, à tours étagés et distincts. Test mince, assez solide,
orné de stries longitudinales un peu flexueuses, très fines, subégales,
rapprochées, aussi bien accusées en dessus qu'en dessous jusqu'à

---

(1) A côté du *Valvata Alpestris* doit se placer le *Valvata Syracusana*, espèce nouvelle de
M. Bourguignat, dont nous allons donner la description :

Valvata Syracusana, BOURGUIGNAT. — Coquille de taille assez petite, d'un galbe globuleux, à spire assez élevée; spire composée de quatre à cinq tours assez hauts, à profil bien
arrondi, à croissance un peu lente, bien étagés les uns au-dessus des autres; dernier tour
gros et renflé, croissant plus rapidement que les précédents, à profil très arrondi, un peu plus
développé en diamètre qu'en hauteur; suture bien marquée; ombilic très profond, assez
étroit, mais laissant voir facilement l'avant dernier tour, légèrement évasé à sa naissance ;
ouverture oblique, bien arrondie; péristome continu, mince et tranchant. — Hauteur totale 3 1/2; diamètre 4 millimètres.

Cette petite espèce, par son ombilic, est voisine du *Valvata Alpestris;* mais elle s'en distingue: par son galbe bien plus élevé; par son diamètre proportionnellement plus étroit par rapport à la hauteur; par sa spire toujours plus haute; par son dernier tour plus renflé en hauteur;
par son ombilic presque aussi large, quoique un peu moins évasé au dernier tour. A côté du
type, nous observons quelques formes subscalaires.

Le *Valvata Syracusana* vient de l'Assapo, près de Syracuse en Sicile.

l'entrée de la coquille ; d'un corné laiteux un peu brillant, presque transparent. Spire composée de trois à trois tours et demi, à profil bien convexe, à croissance assez régulière, de plus en plus rapide ; dernier tour
grand, à profil bien arrondi, développé surtout dans le sens du diamètre.
Suture profonde, comme canaliculée. Sommet très obtus, lisse, brillant,
presque de même teinte que le reste de la coquille. Ombilic moyen
arrondi, laissant voir les tours supérieurs presque jusqu'au sommet,
évasé au dernier tour en forme d'entonnoir. Ouverture un peu oblique,
exactement arrondie-circulaire ; péristome continu, à peine relié à l'avant-
dernier tour et sur une faible étendue, mince, tranchant, légèrement
évasé dans le bas. Opercule inconnu.

DIMENSIONS. — Hauteur totale, 2 millimètres ; diamètre maximum,
3 millimètres.

OBSERVATIONS. — Les espèces de ce groupe participent encore de
celles du groupe précédent par leur galbe légèrement globuleux, mais ici
l'ombilic est déjà notablement plus grand et les tours de la spire moins
nombreux. Chez le *Valvata Fagoti*, l'ombilic, sans être encore très ouvert, permet néanmoins de voir tout l'intérieur de la spire. Malheureusement cette coquille n'est encore connue que par un trop petit nombre
d'individus pour que l'on puisse en étudier les variations.

RAPPORTS ET DIFFÉRENCES. — Nous ne pouvons comparer cette espèce
qu'au *Valvata Alpestris*. On la distinguera toujours : à sa taille plus petite ;
à son galbe plus déprimé ; à ses tours de spire moins nombreux ; à son
ombilic plus large et plus évasé ; à sa suture ; à la coloration et à la
transparence de son test.

HABITAT. — Saint-Pardoult, dans la Charente-Inférieure (col. Bourguignat).

VALVATA GRACILIS, Locard.

Valvata gracilis, Locard, 1886. *Nov. sp.*

HISTORIQUE. — Nous ne connaissons ni description, ni figuration de
cette petite espèce, que nous avons pourtant reçue à différentes reprises,
de plusieurs localités.

DESCRIPTION. — Coquille de petite taille, d'un galbe subglobuleux,
assez déprimé, à spire courte, à tours peu étagés et peu distincts. Test

un peu mince, assez solide, orné de stries longitudinales un peu flexueuses, très fines, parfois même obsolètes, subégales, assez rapprochées, aussi bien marquées en dessus qu'en dessous à la naissance de l'ombilic; d'un corné plus ou moins foncé, non brillant, subopaque. Spire composée de trois tours à trois tours et demi, les premiers à profil convexe, à croissance d'abord un peu lente, puis de plus en plus rapide; dernier tour grand et gros, à profil bien arrondi, encore plus développé en diamètre qu'en hauteur. Suture profonde, bien accusée. Sommet très obtus, lisse, brillant, de même teinte que le reste de la coquille. Ombilic moyen, arrondi, mais non évasé au dernier tour, laissant voir les tours supérieurs jusqu'au sommet. Ouverture oblique, bien arrondie, à peine un tant soit peu plus haute que large; péristome continu, relié à l'avant-dernier tour sur une faible étendue, mince, tranchant, à peine évasé dans le bas, au voisinage de l'ombilic. Opercule corné, mince, assez profondément enfoncé, un peu concave, à tours nombreux et rapprochés.

DIMENSIONS. — Hauteur totale, 2 à 2 1/4 millimètres; diamètre maximum, 3 à 3 1/2 millimètres.

OBSERVATIONS. — Nous signalerons chez cette espèce quelques variations dans le galbe; quoique l'allure de l'ombilic reste toujours très sensiblement la même et que le mode d'enroulement des tours avec leur profil caractéristique et la suture bien accusée soient constants, nous observerons néanmoins des *var. major, minor, globulosa* et *depressa*. La *var. major* est en général un peu globuleuse, tandis que la *var. minor* aurait au contraire une tendance à la dépression. Les formes globuleuses sont dues surtout à un développement du dernier tour qui s'effectue bien plus volontiers dans le sens de la hauteur que dans celui du diamètre. Nous indiquerons également des *var. luteola, viridula* et *ferruginea*.

RAPPORTS ET DIFFÉRENCES. — Comparé au *Valvata Fagoti*, le *V. gracilis* s'en distinguera : à son galbe un peu plus déprimé; à son ombilic moins ouvert et surtout non évasé au dernier tour; à sa spire un peu moins haute, avec les premiers tours moins bien étagés, moins arrondis; à son dernier tour plus développé dans le sens de la hauteur; à sa suture presque aussi profonde mais plus étroitement canaliculée ; à son ouverture moins exactement circulaire; à son test plus opaque et moins brillant; etc.

HABITAT. — Peu commun ; paraissant localisé dans quelques stations du nord-ouest de la France ; recherchant les eaux un peu pures et tran-

quilles. Nous le connaissons dans les stations suivantes : les environs de
Cherbourg, dans la Manche (1); Brest, dans le Finistère; Issoudun, dans
l'Indre (Loc.); la Maine, à Angers, dans le Maine-et-Loire (col. Bourguignat); etc. (2)

C. — Groupe du V. *Macei*.

Ce groupe renferme des coquilles de taille assez petite, d'un galbe
déprimé plus ou moins planorbique, avec une spire très peu haute, plane
ou même légèrement convexe; avec un ombilic très grand. Nous ne
connaissons encore en France que deux espèces appartenant à ce
groupe.

VALVATA COMPRESSA, Locard.

Valvata depressa, pars auctorum, sed non C. Pfeiffer.
  —   *piscinalis (var. depressa),* Moquin-Tandon, 1855. *Hist. Moll.,* II, p. 540, pl. XLI,
       fig. 24 et 25.
Tropidina depressa, S. Clessin. 1884. *Deutsch. Excurs. Moll.,* p. 460, fig. 317.
Valvata compressa, Locard, 1888. *Mss.*

HISTORIQUE. — Cette espèce qui paraît cantonnée dans le nord-est de
la France est en général très mal connue. C'est pourtant une forme très
nettement caractérisée. Sous prétexte que son galbe était très déprimé,
presque planorbique, la plupart des auteurs ont cru devoir l'assimiler au
Valvata depressa de Carl Pfeiffer, forme qui appartient à un tout autre

---

(1) J.-A. Macé, dans son catalogue des mollusques des environs de Cherbourg (p. 284) ne cite
que les *Valvata piscinalis* et *V. cristata.*

(2) Entre ce groupe et le suivant doit prendre place un groupe de Valvées dont nous n'avons
pas retrouvé l'équivalent en France, et qui est caractérisé par la grande taille des coquilles,
le galbe subdéprimé de la spire, et la grandeur de l'ombilic. Le type de ce groupe est le
Valvata regalis, Bourguignat, dont nous allons donner la description.

Valvata regalis, BOURGUIGNAT. — Coquille de grande taille, d'un galbe turriculé-déprimé,
à spire peu haute, à tours bien étagés et bien distincts; test solide, un peu épais, orné de stries
fines et régulières, parfois comme malléé; spire composée de quatre et demi à cinq tours,
à profil bien arrondi, méplan en dessus, à croissance de plus en plus rapide; dernier tour
également bien arrondi; suture très accusée surtout par le profil des tours, quoique en somme
plus profonde; ombilic assez grand, arrondi, laissant voir la totalité des tours jusqu'au sommet; ouverture légèrement oblique, presque exactement circulaire, à peine subanguleuse au
contact avec l'avant dernier-tour; péristome continu, relié au dernier tour par un point seulement, mince, tranchant, non évasé. — Hauteur 5 à 5 1/4 ; diamètre 6 à 7 millimètres.

Les *Valvata regalis* de la collection de M. Bourguignat proviennent de Konigsee en Bavière
et du lac de Tristach près de Lienz, en Tyrol.

groupe, comme nous l'avons établi précédemment. Moquin-Tandon tout en faisant de cette même espèce une simple variété du *V. piscinalis*, quoique ces deux formes ne se ressemblent guère, en donne deux dessins, dont un grossi sur lequel on a oublié de montrer l'ombilic.

Les auteurs allemands ne sont pas plus d'accord que les auteurs français sur les *Valvata depressa*. C'est ainsi que Stein (1) a figuré sous ce même nom une forme voisine de notre *Valvata compressa* dont Seenbach (2), dès 1847, avait fait le *Valvata macrostoma*, espèce bien distincte, caractérisée par la grande dimension de son ouverture, mais que nous ne connaissons pas en France. C'est peut-être encore cette même forme que nous voyons figurée dans les planches de MM. Nordenskiöld et Nylander (3).

DESCRIPTION. — Coquille d'un galbe turriculé, bien déprimé, à spire peu haute, à tours distincts mais à peine étagés. Test un peu mince, assez solide, orné de stries longitudinales un peu flexueuses, très fines, assez irrégulières, irrégulièrement rapprochées, avec quelque temps d'arrêt dans l'accroissement, plus accusées au dernier tour; d'un corné fauve plus ou moins foncé passant au verdâtre ou au roux, subopaque, aussi teinté et aussi strié en dessus qu'en dessous jusqu'à la naissance de l'ombilic. Spire légèrement saillante, composée de trois et demi à quatre tours à profil arrondi, peu saillant, les premiers croissant lentement et régulièrement; dernier tour à profil bien arrondi depuis sa naissance jusqu'à son extrémité, à croissance de plus en plus rapide, très développé dans le sens du diamètre. Suture profonde, bien accusée, un peu canaliculée. Sommet lisse, très obtus, à peine saillant, de même teinte que le reste de la coquille. Ombilic large, arrondi, laissant voir à sa naissance l'avant-dernier tour sur près de la moitié de sa largeur en ce point, et les autres tours jusqu'au sommet. Ouverture un peu oblique, exactement circulaire; péristome continu, mince, tranchant, relié à l'avant-dernier tour sur une assez grande largeur, légèrement évasé dans le bas. Opercule corné, profondément enfoncé, très concave, à tours nombreux et rapprochés.

DIMENSIONS. — Hauteur totale, 2 1/2 à 3 millimètres; diamètre maximum, 4 à 5 millimètres.

OBSERVATIONS. — Comme on a pu le voir dans la description que nous venons de donner, le *Valvata compressa* a un ombilic beaucoup plus ouvert

(1) Stein, 1850. *Lebend. Schneck. Musch. Berlins*, p. 87, pl. II, fig. 29.
(2) Steenbach, 1847. *Amtl. Ber. Versamml. Naturf.*, p. 123.
(3) Nordenskiöld et Nylander, 1856. *Finlands mollusker*, p. 69, pl. IV, fig. 57.

que toutes les Valvées précédentes; son galbe n'est pas encore complètement planorbique, puisque sa spire s'élève au peu au-dessus du dernier tour et que la coquille est en somme turriculée; mais c'est un galbe bien différent de celui des formes des groupes précédents. Il ne nous est donc pas possible de rattacher cette forme au *Valvata piscinalis*, comme quelques auteurs ont cru pouvoir le faire.

Chez cette espèce, les variétés sont peu nombreuses; nous signalerons cependant des *var. minor, depressa, inflata, luteola, viridula* et *ferruginea*, qui n'ont pas besoin d'être définies davantage.

RAPPORTS ET DIFFÉRENCES. — Puisque l'on a rapproché le *Valvata compressa* des formes déprimées du groupe du *Valvata piscinalis* et notamment du *Valvata depressa*, nous dirons qu'il s'en distingue : par son galbe beaucoup plus aplati; par sa spire beaucoup moins haute ; par ses tours beaucoup moins étagés; par son dernier tour beaucoup moins gros, développé surtout en diamètre, et d'un profil plus étroitement arrondi; par son ombilic bien plus largement ouvert, permettant de voir facilement l'intérieur de la spire; etc.

HABITAT. — Le *Valvata compressa* paraît localisé dans les eaux tranquilles et dormantes au nord-est de la France. Nous le connaissons dans les localités suivantes : Poligny dans le Jura; les environs de Besançon, dans le Doubs ; Neuville-sur-Saône, Rochetaillée (Rhône) (Loc.); etc.

VALVATA MACEI, Bourguignat.

Valvata Macei, Bourguignat, 1884. *In* Locard, *Matér. hist. malac. France, In Bull. Soc. malac. France*, II, p. 207.

HISTORIQUE. — Cette espèce, découverte en 1855, par Auguste Macé, alors président du tribunal civil de Cherbourg, fut communiquée par lui à M. Bourguignat qui la désigna dès cette époque sous le nom de *Valvata Macei*. Ce n'est qu'en 1884 qu'une description en a été publiée dans le *Bulletin de la Société malacologique de France*. Comme la précédente, elle nous paraît avoir été souvent confondue avec le *Valvata depressa*; à différentes reprises nous l'avons reçue de plusieurs auteurs sous cette dernière dénomination.

DESCRIPTION. — Coquille d'un galbe à peine turriculé, extrêmement déprimé, à spire à peine saillante, à tours bien distincts mais non étagés.

Test mince, assez solide, orné de stries longitudinales peu flexueuses, très fines, très serrées, assez régulières, aussi visibles en dessus qu'en dessous jusqu'à l'entrée de l'ombilic ; d'un corné pâle légèrement verdâtre, subopaque. Spire très surbaissée, composée de trois et demi à quatre tours à profil arrondi, à croissance lente et régulière, devenant plus rapide au dernier tour ; dernier tour presque exactement arrondi, depuis sa naissance jusqu'à son extrémité, peu haut mais très développé dans le sens du diamètre. Suture profonde, comme canaliculée. Sommet lisse, très obtus, de même teinte que le reste de la coquille. Ombilic large, arrondi, laissant voir à sa naissance l'avant-dernier tour sur un peu plus de la moitié de sa largeur en ce point, et les autres tours jusqu'au sommet. Ouverture droite, exactement arrondie, très légèrement patulescente, et d'un blanc lacté à l'intérieur ; péristome continu, adhérant à l'avant-dernier tour sur une assez grande largeur, mince, tranchant, très légèrement réfléchi dans le bas. Opercule inconnu.

DIMENSIONS. — Hauteur totale, 3 millimètres ; diamètre maximum, 5 millimètres.

OBSERVATIONS. — Avec le *Valvata Macei* la spire se déprime de plus en plus, tandis que l'ombilic s'ouvre encore davantage ; nous arrivons ainsi progressivement aux formes planorbiques. Nous ne connaissons encore de cette espèce qu'un trop petit nombre d'échantillons pour être à même d'en étudier les variations.

RAPPORTS ET DIFFÉRENCES. — Comparé au *Valvata compressa*, le *V. Macei* se distingue : à son galbe encore plus déprimé ; à sa spire plus surbaissée, à peine saillante au-dessus du niveau supérieur du dernier tour ; à sa suture plus profonde et plus canaliculée ; à son dernier tour moins haut à sa naissance ; à ses autres tours à profil plus arrondi ; à son ouverture plus droite et plus exactement circulaire ; à ses stries plus fines et plus régulières, etc.

HABITAT. — Saint-Martin-de-Varreville, dans la Manche (col. Bourguignat) ; l'Alsace ; Bar-sur-Seine, dans l'Aube ; bois de Vielverge, Auxonne, dans la Côte-d'Or ; Pontarlier, dans le Doubs (Loc.) ; etc. (1).

---

(1) A ce même groupe appartiennent les espèces suivantes, dont les noms seulement ont été donnés dès 1884 dans le *Bulletin de la Société malacologique de France* (t. II, p. 208).

Valvata Helvetica, BOURGUIGNAT. — Coquille d'un galbe très déprimé, à spire peu haute, à tours à peine étagés ; test mince, assez solide, orné de stries longitudinales, extrêmement fines et très rapprochées ; spire composée de trois et demi à quatre tours, les premiers à profil

D. — Groupe du *V. cristata.*

Dans ce groupe nous comprenons des coquilles de petite taille, presque exclusivement planorbiques, c'est-à-dire à spire complètement surbaissée

convexe, méplane en dessus, le dernier arrondi à sa naissance, mais plus renflé en dessous qu'en dessus, bien arrondi à son extrémité, s'accroissant très rapidement sur la dernière moitié de sa longueur; suture profonde; ombilic large, très profond, ne laissant voir l'avant-dernier tour à son origine que sur un quart environ de sa largeur; ouverture très oblique, bien arrondie. — Hauteur 2 3/4; diamètre 4 millimètres.

Cette espèce diffère du *Valvata Macei* par sa spire moins saillante, par ses tours moins arrondis, plus méplans en-dessus; par son dernier tour croissant beaucoup plus rapidement; par son ombilic moins large; par son ouverture plus oblique, etc. On la trouve dans le lac Morat, en Suisse.

Valvata Theotokii, Letourneux. — Coquille d'un galbe complètement plat en dessus, quoique à tours distincts; test mince, assez solide, orné de stries longitudinales très fines, parfois obsolètes; spire composée de trois et demi à quatre tours légèrement convexes, séparés par une suture un peu canaliculée; dernier tour à croissance beaucoup plus rapide, peu haut à sa naissance, un peu aplati en-dessus, développé surtout dans le sens du diamètre, bien arrondi à son extrémité; ombilic très large, laissant voir l'avant-dernier tour à son origine sur les deux tiers environ de sa largeur; ouverture très oblique, bien arrondie. — Hauteur 2 à 2 1/4; diamètre 3 3/4 à 4 millimètres.

On distinguera cette espèce du *Valvata Macei:* à son galbe tout à fait déprimé en dessus; à son ombilic bien plus ouvert; à son dernier tour moins haut à son origine; etc. Elle a été recueillie dans les eaux de la fontaine de Kardachi et dans les marais de Cressida, près de Corfou.

Valvata Tacitiana, Letourneux. — Coquille de taille assez petite, d'un galbe très déprimé, à spire à peine saillante, à tours à peine étagés mais bien distincts; test assez solide très finement strié, verdâtre; spire composée de trois tours et demi à quatre tours, à croissance lente et assez régulière, à profil convexe; dernier tour bien arrondi à sa naissance, à croissance plus rapide, surtout à son extrémité; suture peu profonde, légèrement canaliculée; ombilic grand, laissant voir l'avant-dernier tour à sa naissance, sur environ la moitié de sa largeur; ouverture oblique, bien arrondie.— Hauteur 1 1/2 à 2; diamètre 2 1/2 à 3 millimètres.

Cette espèce voisine de la précédente, s'en distingue : par sa taille plus petite; par sa spire un peu plus élevée; par son ombilic moins ouvert; par son dernier tour un peu plus renflé à son origine et croissant plus rapidement seulement vers son extrémité. On la trouve dans les marais de Cressida, près de Corfou.

Valvata Cressidana, Letourneux. — Coquille de taille assez petite, d'un galbe presque complètement plat en dessus, à tours non étagés, mais bien distincts; test mince, verdâtre, orné de stries extrêmement fines, un peu brillant; spire composée de trois et demi à quatre tours, à profil convexe, à croissance un peu lente et régulière; dernier tour arrondi à son origine, un peu méplan en dessus, croissant plus rapidement à son extrémité; suture large et profonde, canaliculée; ombilic grand, laissant voir l'avant-dernier tour à sa naissance, sur environ le tiers de sa largeur; ouverture oblique, bien arrondie.—Hauteur 1 à 1 1/2; diamètre 2 1/2 à 3 millimètres.

Le *Valvata Cressidana* est voisin du *Valvata Tacitina* qui a à peu près la même taille; il en diffère notamment : par sa spire plus plane en-dessus, presque comme celle du *Valvata Theotokii;* par son dernier tour plus mince, plus aplati en dessus; par son ombilic moins ouvert; etc. On trouve ces deux espèces ensemble dans les marais de Cressida, près de Corfou.

et à ombilic extrêmement grand, avec le dernier tour peu renflé, développé surtout en diamètre. Ce groupe comprend quatre espèces.

VALVATA CRISTATA, Müller.

Valvata cristata, Müller, 1774. *Verm. terr. fluv. Hist.*, II, p. 198,. n° 384. — Dupuy, 1851. *Hist. Moll.*, p. 587, pl. XXVIII, fig. 16. — Moquin-Tandon, 1855. *Hist. Moll.*, II, p. 544, pl. XLI, fig. 32-42. — Locard, 1882. *Prodr.*, 250.
Nerita valvata, Gmelin, 1778. *Systema naturæ*, édit. XIII, p. 3675.
Valvata planorbis, Draparnaud, 1801. *Tabl. Moll.*, p. 42. — 1805. *Hist. Moll.*, p. 41, pl. I fig. 34, 35.
Helix cristata, Montagu, 1803. *Test. Brit.*, p. 460, vign. ; fig. 7, 8.
? *Valvata cristatella*, Faure-Biguet, 1807. *In* Ferussac, *Essai méth.*, p. 128.
Turbo cristatus, Maton et Racket, 1807. *Cat. Brit. Test.*, *in Trans. Linn. Soc.*, VIII, p. 169.
Gyrorbis cristata, S Clessin, 1884. *Deutsch. Excurs.*, 2ᵉ édit., p. 462, fig. 319.

HISTORIQUE. — Comme nous l'avons déjà expliqué, c'est uniquement pour cette espèce que Müller en 1774 a créé la coupe générique des *Valvata*. C'est donc le véritable type du genre. Dans ces conditions, si l'on juge utile de scinder l'ancien genre *Valvata*, tel qu'on le comprenait il y a encore peu de temps, le nom de *Valvata* doit rester uniquement au *Valvata cristata* et à ses formes affines. Nous ne suivrons donc pas M. S. Clessin qui, subdivisant les Valvées en trois groupes, les *Cincinna*, les *Tropidina* et les *Gyrorbis*, élimine ainsi dans ses dénominations le nom de *Valvata*.

C'est évidemment cette même coquille que Draparnaud a décrite postérieurement à Müller sous le nom de *Valvata planorbis* qui définit si bien son galbe. Mais qu'est-ce au juste que le *V. cristatella*, de Faure-Biguet, cité simplement par de Ferussac, dans son *Tableau de concordance systématique?* Nous le faisons figurer avec un point de doute dans notre synonymie pour appeler sur son histoire l'attention des naturalistes.

Cette espèce a été bien souvent décrite et nombre d'auteurs français ou étrangers en ont donné de bonnes figurations. Nous n'avons cité dans notre synonymie que les iconographies françaises ; nous aurions pu y ajouter les représentations de von Alten (1), Brown (2), Forbes et Hanley (3), Jeffreys (4), Kobelt (5), Kuster (6), Lehman (7), Nordens-

(1) Von Alten, 1812. *System. Abhandl.*, p. 111, pl. XIII, fig. 24.
(2) Brown, 1845. *Illust. recent Conch.*, p. 27, pl. XXVIII, fig. 66-67.
(3) Forbes et Hanley, 1853. *Hist. Brit. Moll.*, III, p. 21, pl. LXXI, fig. 11 à 13.
(4) Jeffreys, 1862. *British conchology*, I, p. 74 ; 1867, pl. IV, fig. 9.
(5) Kobelt, 1871. *Fauna Nassauischen Moll.*, p. 213, pl. V, fig. 23.
(6) Kuster, 1853. *In* Chemnitz, 2ᵉ édit., *Palud.*, p. 88, pl. XIV, fig. 22-26.
(7) Lehman, 1873. *Leb. Scheneck. Musch. Stettins*, p. 257, pl. XIX, fig. 93.

kiöld et Nylander (1), C. Pfeiffer (2), Reeve (3), Slavick (4), Sowerby (5), Stein (6), de Sturm (7), etc.

DESCRIPTION. — Coquille de taille assez petite, enroulée, d'un galbe
planorbique, à spire complètement plane, à tours non étagés mais distincts. Test un peu mince, assez solide, orné de stries longitudinales
extrêmement fines, très serrées, subégales, aussi bien visibles en dessus
qu'en dessous ; d'un corné pâle passant au verdâtre et au ferrugineux,
subopaque. Spire composée de trois tours et demi à quatre tours, à profil
arrondi, à croissance lente et régulière ; dernier tour bien arrondi à sa
naissance comme à son extrémité, non descendant, avec le bord supérieur exactement dans le même plan horizontal que le sommet de la
spire, à croissance légèrement plus rapide que les tours précédents.
Suture profonde, bien accusée, un peu canaliculée. Ombilic extrêmement
large, composé de toute la partie inférieure de la coquille, moins le dernier tour, largement visible jusqu'au sommet. Ouverture exactement
circulaire, un peu oblique ; péristome continu, adhérant au dernier tour
sur une étendue relativement étroite, mince, tranchant, non évasé. Opercule enfoncé, d'un corné roux, à stries assez nombreuses et rapprochées.

DIMENSIONS. — Hauteur totale, 1 à 1 1/2 millimètre ; diamètre maximum, 3 à 4 millimètres.

OBSERVATIONS. — Par suite de son mode d'enroulement si particulièrement planorbique, le *Valvata cristata* présente des variations intéressantes
à signaler. Si l'individu vit toujours dans un même milieu, c'est-à-dire si
le régime des eaux dans lequel il passe la totalité de son existence reste
toujours le même, son mode d'accroissement sera également régulier et
constant, ses tours s'enrouleront avec une parfaite régularité. Mais si, au
contraire, ce régime vient à éprouver quelques modifications, le galbe de
la coquille suivra cette influence et les tours, dans leur mode d'enroulement, perdront leur caractère de régularité. Il n'est point rare en effet
de voir chez cette espèce les tours se chevauchant plus ou moins, la spire

(1) Nordenskiöld et Nylander, 1856. *Finlands mollusker*, p. 69, pl. IV, fig. 58.
(2) C. Pfeiffer, 1821. *Naturg.*, I, p. 101, pl. III, fig. 35.
(3) Reeve, 1863. *Land and freshw. Mollusks*, p. 200, fig.
(4) Slavick. *Monogr. Moll. Böhmens*, p. 124, pl. V, fig. 33-34.
(5) Sowerby, 1859. *Illustr. index Brit. Shells*, pl. XII, fig. 11.
(6) Stein, 1850. *Leb. Schnech. Musch. Berlins*, p. 88, pl. II, fig. 30.
(7) Von Sturm, 1823. *Deutschl. Fauna*, 3, pl. III.

s'élever ou s'abaisser par rapport au plan supérieur du dernier tour, de même que l'on voit également et assez fréquemment des sujets chez lesquels l'extrémité du dernier tour est plus ou moins détachée et enroulée suivant un autre plan. Les variations individuelles sont donc plus communes encore que les variations générales.

Déjà nous avons signalé chez cette espèce les *var. major* et *minor* (1), nous ajouterons les *var. depressa, elata, inflata, luteola, virida, ferruginea, albida,* etc., qui se définissent d'elles-mêmes.

M. A. Baudon a figuré deux curieuses monstruosités subscalaires du *Valvata cristata*, dans lesquelles l'extrémité du dernier tour se détache et se relève ; de telles formes ne sont pas très rares, surtout dans les eaux à fonds très herbeux (2).

RAPPORTS ET DIFFÉRENCES. — Cette espèce est tellement distincte par son galbe et son mode d'enroulement qu'il ne nous paraît pas nécessaire d'insister davantage sur ses caractères comparatifs avec ses autres congénères.

HABITAT. — Le *Valvata cristata* est une forme commune que l'on trouve dans les eaux claires et pures, plus particulièrement stagnantes, grimpant sur les tiges et les feuilles des plantes aquatiques. Nous le connaissons dans presque toute la France.

VALVATA SPIRORBIS, Draparnaud.

Valvata spirorbis, Draparnaud, 1805. *Hist. Moll.*, p. 40, pl. I, fig. 22-23. — Brard, 1815. *Coq. environs Paris*, p. 137, pl. VI, fig. 16. — C. Pfeiffer, 1821. *Syst. anordn. Beschr.*, I, p. 100, pl. IV, fig. 34. — Locard, 1882. *Prodr.*, p. 247.
— *cristata, var. spirorbis*, Moquin-Tandon, 1855. *Hist. Moll.*, II, p. 544, pl. XLI, fig. 37.
— *cristata, forma* I, Agardh Westerlund, 1886. *Fauna palääarct.*, VI, p. 143.

HISTORIQUE. — Le *Valvata cristata* a été décrit et figuré pour la première fois par Draparnaud et placé en tête de son genre *Valvata*. La diagnose et la description qu'il en donne sont parfaitement suffisantes pour bien faire comprendre cette coquille et la différencier du *Valvata planorbis* ou *V. cristata* qui l'accompagne. Aussi, avons-nous quelque peu

(1) Locard, 1880. *Etudes sur les variations malacologiques*, I, p. 386.
(2) Baudon, 1884. *Troisième catalogue des mollusques vivants du département de l'Oise, In Journ. conch.*, t. XXXII p. 294, pl. IX, fig. 19 (tir. à part, p. 102).

lieu d'être surpris de voir un certain nombre de nos auteurs modernes confondre ces deux formes certainement voisines, mais cependant bien distinctes. L'abbé Dupuy, Moquin-Tandon, etc., en France ; MM. Kobelt, Agardh Westerlund, etc., à l'étranger, ne nous paraissent pas avoir bien connu cette coquille, pour la confondre ainsi avec le *Valvata cristata*.

D'autres auteurs, il est vrai, ont adopté la manière de voir de Draparnaud et ont maintenu au rang d'espèce son *Valvata spirorbis*. Telle est notamment la manière de voir de MM. Bourguignat (1), Deshayes, (2), Drouët (3), Menke (4), Paladilhe (5), Servain (6), etc. Nous nous rangerons avec eux.

Description. — Coquille de petite taille, enroulée, d'un galbe planorbique, à spire déprimée en dessus et en dessous, à tours non étagés mais distincts. Test mince, assez solide, orné de stries longitudinales un peu fines, serrées, subégales, aussi bien visibles en dessus qu'en dessous ; d'un corné un peu clair, un peu transparent. Spire composée de trois tours à trois tours et demi, à profil convexe, les premiers à croissance un peu lente et régulière, le dernier bien arrondi en dessus et en dessous un peu plus développé à son extrémité, non descendant, avec le bord supérieur un peu au-dessus du niveau du sommet de la spire. Suture assez profonde, bien accusée, à peine canaliculée. Ombilic extrêmement large, composé de toute la partie inférieure de la coquille, moins le dernier tour, largement visible jusqu'au sommet. Ouverture bien arrondie, bien oblique ; péristome continu, adhérent au dernier tour sur une faible largeur, mince, tranchant, évasé. Opercule enfoncé, d'un corné pâle, à stries assez nombreuses et rapprochées.

Dimensions. — Hauteur totale, 1 à 1 1/4 millimètre ; diamètre maximum, 2 1/2 à 3 millimètres.

Observations. — Il existe chez cette espèce quelques variations qui ont pu donner naissance à de fausses interprétations diagnostiques. Dans sa description, Draparnaud dit que sa coquille est « concave ou ombiliquée en dessus et peu dessous », tandis que son *Valvata planorbis* ou *V. cris-*

---

(1) Bourguignat, *in collect.*

(2) Deshayes, 1838. *In* de Lamarck, *Anim. sans vert.*, VIII, p. 506.

(3) Drouët, 1855. *Enumération des Mollusques vivants de la France continentale*, p. 31 et 49.

(4) Menke, 1845. *In Zeitschrift für Malakozoologie*, II, p. 124.

(5) Paladilhe, 1866. *Nouvelles miscellanées malacologiques*, p. 27.

(6) G. Servain, 1881. *Histoire malacologique du lac Balaton*, p. 95.

tata a sa coquille plane en dessus, et fortement ombiliquée en dessous.
C'est ce que confirme Deshayes et après lui plusieurs autres auteurs.
Mais cette dépression du dessus de la coquille n'est pas toujours très
accentuée; parfois également les tours ne s'enroulent pas très exactement dans un même plan ; c'est ce que nous voyons dans la figuration,
assez médiocre du reste, donnée par Moquin-Tandon.

Nous signalerons pour cette espèce les *var. contorta, viridula, ferruginea* et *albida.* En outre, dans son *Catalogue des mollusques des environs
de Caen*, de l'Hôpital a signalé (1) une forme qui ne nous est connue que
par sa description, mais qui nous paraît s'écarter notablement du type.
Elle diffère du *Valvata cristata*, dit l'auteur, « par sa spire un peu proémi-
nente, son ombilic profond et moins large, et par son ouverture proportionnellement plus grande et plus inclinée en bas ». Est-ce une variété
elata du *Valvata spirorbis* ou bien une forme nouvelle? C'est ce que
nous ne saurions affirmer.

RAPPORTS ET DIFFÉRENCES. — On distinguera le *Valvata spirorbis* du
V. cristata : à sa taille plus petite, à ses tours moins nombreux; à sa
spire déprimée, concave en dessus et non pas planorbique; à son dernier tour plus développé, plus gros à son extrémité ; à son ouverture
plus oblique; à son péristome plus évasé; à son test plus strié et moins
opaque ; etc.

HABITAT. — Peu commun; de préférence dans les eaux stagnantes,
dans presque toute la France, mais surtout dans le Midi : la Manche
(Macé); l'Oise (Baudon); le Pas-de-Calais (Bouchard-Chantereaux); la
Seine (Brard); la Champagne (Ray et Drouët); l'Eure-et-Loir (Bourguignat); l'Hérault (Dubreuil, Moitessier); les Pyrénées-Orientales (Massot);
le Var (Drouët, Bérenguier); les Landes (Grateloup); la Haute-Garonne
(Moquin-Tandon); etc.

VALVATA PLANORBULINA, Paladilhe.

Valvata planorbulina, Paladilhe, 1867. *Miscel. malac.*, p. 49, pl. III, fig. 24-26. — Locard,
1882. *Prodr.*, p. 251.

HISTORIQUE. — Cette petite espèce a été découverte par Paladilhe, dans

(1) A. de l'Hôpital, 1861. *Premier supplément au Catalogue des mollusques terrestres et
fluviatiles des environs de Caen*, p. 15.

les alluvions du Lez, petite rivière de l'Hérault. Pourtant Dubreuil, dans
les deux catalogues des miollusques de ce département, publiés en 1869
et en 1880 (1), n'en fait pas mention, tandis que **M.** Agardh Westerlund la
cite dans sa *Faune des régions palœarctiques* (2). C'est en effet une forme
bien caractérisée qui doit prendre place dans le groupe du *Valvata cristata*, et dont son auteur a donné une bonne description.

DESCRIPTION. — Coquille de petite taille, enroulée, d'un galbe planorbique, complètement plane en dessus, à tours non étagés mais bien distincts. Test mince, un peu fragile, orné de stries extrêmement fines, à
demi rapprochées, subégales, aussi marquées en dessus qu'en dessous
jusque dans l'ombilic; d'un corné pâle, un peu luisant, subopaque. Spire
composée de trois tours à trois tours et demi, les premiers à profil peu
convexe, à croissance régulière; dernier tour à croissance de plus en
plus rapide, arrondi surtout en dessous à sa naissance, puis bien arrondi
et bien développé à son extrémité, avec le niveau supérieur exactement
dans le même plan horizontal que le sommet. Suture bien marquée,
mais peu profonde et légèrement canaliculée. Sommet déprimé, lisse,
peu brillant. Ombilic extrêment large, composé de toute la partie inférieure de la coquille, moins le dernier tour, largement visible jusqu'au
sommet. Ouverture à peu près dans le même plan que l'axe de la coquille,
bien arrondie; péristome continu, adhérent au dernier tour sur une faible
largeur et dans sa partie un peu supérieure, mince, tranchant, à peine
un peu évasé vers l'ombilic. Opercule inconnu.

DIMENSIONS. — Hauteur totale, 1 millimètre; diamètre maximum,
1 3/4 millimètre.

OBSERVATIONS. — Les quelques variations que nous avons pu observer
chez cette coquille portent surtout sur le plus ou moins de régularité
dans le mode d'enroulement. Il est à remarquer que le dernier tour a
souvent une tendance à s'infléchir dans le bas chez quelques individus
isolés.

RAPPORTS ET DIFFÉRENCES. — On distinguera le *Valvata planorbulina* du
V. cristata : à sa taille plus petite; à son dernier tour à croissance bien
moins régulière, aminci et comme comprimé à sa naissance, dilaté
et à croissance bien plus rapide à son extrémité; à son ouverture bien

---

(1) E. Dubreuil, 1869-1880. *Catalogue des mollusques de l'Hérault*, 2° et 3e édit.
(2) Agardh Westerlund, 1886. *Fauna paläarctisch. Région*, VI, p 119.

plus droite et proportionnellement plus grande ; à son ombilic paraissant plus profond par suite du développement en hauteur du dernier tour ; etc.

HABITAT. — Rare ; le type a été trouvé dans les alluvions du Lez, dans l'Hérault ; MM. Lallemand et Servain l'ont signalé dans la Marne et dans les ruisseaux aux environs de Jaulgonne, dans l'Aisne.

VALVATA EXILIS, Paladilhe.

Valvata exilis, Paladilhe, 1867. *Miscel. malac.*, p. 50, pl. III, fig. 27-30. — Locard, 1882. *Prodr.*, p. 25.

HISTORIQUE. — Cette toute petite coquille a été découverte par Paladilhe, dans le département de l'Hérault, soit morte dans les alluvions des cours d'eau, soit vivante dans plusieurs stations. Moitessier, dans son *Histoire malacologique de l'Hérault* (1), et Dubreuil dans ses deux derniers catalogues (2), admettent cette espèce et en confirment la présence dans différentes stations de ce département. M. Agardh Westerlund (3) la classe dans son groupe des *Tropidina*, dans le même groupe que le *Valvata Macei*. Par son galbe, par la taille même de son ombilic, par la dépression de sa spire, cette espèce nous semble mieux placée à la fin du groupe du *Valvata cristata*, auquel elle sert de transition avec les groupes voisins. Paladilhe en a donné une bonne description accompagnée d'une très exacte figuration.

DESCRIPTION. — Coquille de très petite taille, enroulée, planorbique, presque complètement plane en dessus, à tours non étagés, bien distincts. Test mince, fragile, orné de stries longitudinales très légèrement flexueuses, très fines, régulières, régulièrement espacées, aussi visibles en dessus qu'en dessous jusque dans l'ombilic ; un peu brillant, d'un corné pâle hyalin, un peu transparent. Spire composée de trois tours à trois tours et demi, à croissance régulière, à profil convexe, légèrement aplatis aux environs de la suture ; dernier tour très grand, très développé mais un peu mince à son origine, ensuite bien arrondi et renflé à

(1) Moitessier, 1868. *Histoire malacologique du département de l'Hérault*, p. 73.
(2) E. Dubreuil, 1869. *Catalogue des mollusques de l'Hérault*, 2e édit., p. 72. — E. Dubreuil, 1880. *Catal. Moll. Hérault*, 3e édit., p. 133.
(3) Agardh Westerlund, 1886. *Fauna paläarchisch. region*, VI, p. 141.

son extrémité, avec une direction légèrement déclive et sur une faible longueur dans cette partie. Suture bien accusée, profonde, légèrement canaliculée. Sommet déprimé, lisse, un peu brillant. Ombilic extrêmement large, composé de toute la partie supérieure de la coquille, moins le dernier tour, largement visible jusqu'au sommet. Ouverture très oblique, bien arrondie ; périostome continu, adhérent au dernier tour sur une faible largeur et dans sa partie médiane, mince, tranchant, légèrement évasé vers l'ombilic. Opercule inconnu.

DIMENSIONS. — Hauteur, 1/3 millimètre ; diamètre maximum, 1 1/4 millimètre.

OBSERVATIONS. — Par suite de sa petite taille, le *Valvata exilis* est assez difficile à observer ; nous remarquerons cependant que les principales variations auxquelles il donne naissance sont surtout basées sur l'allure du dernier tour à son extrémité, et plus particulièrement sur la position de son point d'insertion sur l'avant-dernier tour. Chez quelques sujets en effet, le dernier tour tout à fait à son extrémité est plus ou moins déclive, mais sans que cela donne plus ou moins de saillie à la spire qui est toujours d'un galbe planorbique.

RAPPORTS ET DIFFÉRENCES. — Nous ne pouvons comparer le *Valvata exilis* qu'avec le *V. planorbulina*. On le distinguera : à sa taille encore plus petite ; à son dernier tour descendant à son extrémité et non rectiligne, proportionnellement plus grand, plus renflé dans toute son étendue ; à ses autres tours plus méplans en dessus ; à son ouverture beaucoup plus oblique ; etc.

HABITAT. — Dans les fossés d'irrigation des prairies de la rive droite du Lez, à la hauteur du hameau de Lattes ; dans les alluvions du Lez, sous le village de Castelnau ; dans les alluvions de la Boyne, sous le village de Fontès, dans l'Hérault (Paladilhe, Moitessier, Dubreuil) (1).

---

(1) A ce même groupe appartiennent les trois espèces suivantes inédites faisant partie de la faune italienne, et que nous avons observées dans la collection de M. Bourguignat.

Valvata parva, BOURGUIGNAT. — Coquille de petite taille, d'un galbe planorbique, bien déprimé en dessus ; test mince, assez solide, finement et régulièrement strié, d'un corné terreux un peu verdâtre ; spire composée de trois à trois et demi tours bien convexes, à croissance régulière et progressive ; dernier tour bien arrondi, plus développé à son extrémité, bien renflé en dessous, inséré en dessus dans le même plan que la spire ; suture profonde, un peu canaliculée ; ombilic très large ; ouverture un peu oblique, bien arrondie ; péristome mince, tranchant, à peine évasé. — Hauteur 1 à 1 1/2 ; diamètre maximum 2 à 3 millimètres.

Cette espèce diffère du *Valvata cristata :* par son dernier tour plus développé et à croissance plus rapide, s'insérant bien en dessus dans le même plan que la spire, mais plus renflé

E. — Groupe du **V.** *globulina*.

Ce groupe renferme des coquilles de taille extrêmement petite, d'un galbe globuleux, faiblement conoïde, à ombilic moyen, à dernier tour assez renflé. Il renferme actuellement six espèces.

VALVATA MINUTA, Draparnaud.

Valvata minuta, Draparnaud, 1805. *Hist. Moll.*, p. 42, pl. I, fig. 36-38. —Dupuy, 1851. *Hist. Moll.*, p. 585 *(pars).* — Moquin-Tandon, 1855. *Hist. Moll.*, II, p. 543 *(pars).* — Locard, 1882. *Prodr.*, p. 249.

HISTORIQUE. — En 1805, Draparnaud décrivit en ces termes une petite Valvée très habilement figurée dans son Atlas : *V. testa pellucida, striata, supra convexiuscula, subtus umbilicata, peristomate simplici.* Comparant son espèce nouvelle avec le *Valvata planorbis*, il ajoutait : « Cette coquille diffère peu de la précédente pour la forme. Elle est seulement un peu bom-

en dessous; par son ombilic paraissant moins grand par suite du développement du dernier tour à son extrémité; par son ouverture plus oblique; etc. On la trouve à Viareggio.

Valvata intermedia, BOURGUIGNAT. — Coquille de petite taille, d'un galbe planorbique, déprimé en dessus; test mince, fragile, à peine strié, un peu brillant, d'un corné verdâtre; spire composée de trois à trois et demi tours arrondis, à croissance lente et régulière; dernier tour à peine un peu plus développé à son extrémité, s'insérant en dessus dans le même plan que la spire, assez renflé en dessous; suture assez profonde, étroitement canaliculée; ombilic très large; ouverture droite, exactement circulaire; péristome mince, tranchant, non dilaté a son extrémité. — Hauteur 1; diamètre 2 1/2 millimètres.

Comme son nom l'indique, cette espèce est intermédiaire entre le *Valvata cristata* et le *V. parva;* elle se distingue du *Valvata cristata*, par sa taille plus petite, son test plus brillant, son dernier tour un peu plus renflé, sa suture plus étroite, etc. Rapprochée du *Valvata parva* on la reconnait : à son ouverture droite, à son dernier tour moins développé, à ses autres tours à profil plus arrondi, à son ombilic plus dilaté, etc. Elle a été recueillie dans le lac de Come, à Bellagio en Lombardie.

Valvata Panormitana, BOURGUIGNAT. — Coquille de petite taille, d'un galbe planorbique, mince et déprimé; test très finement strié, un peu brillant; spire composée de trois à trois et demi tours à croissance assez rapide, à profil simplement convexe; dernier tour bien développé à son extrémité, comprimé à son origine, s'arrondissant seulement dans le voisinage de l'ouverture; suture large, assez profonde; ombilic très ouvert, mais paraissant relativement moins large que chez les espèces précédentes par suite du développement du dernier tour; ouverture très oblique; péristome tranchant, assez fortement dilaté. — Hauteur 1 1/4; diamètre 2 1/4 millimètres.

Cette jolie espèce se distingue de toutes les formes de ce groupe par son galbe particulièrement déprimé, par son dernier tour bien développé en largeur, mais ne s'arrondissant qu'au voisinage de l'ouverture, par son ouverture très oblique avec le péristome dilaté, etc. Elle vit aux environs de Palerme, en Sicile.

bée en dessus, striée et beaucoup plus petite, etc. » Cette petite espèce a
éte contestée par les uns et bien mal comprise par beaucoup d'autres.

Gray regardait cette forme draparnaldique comme un jeune individu
du *Valvata cristata*. Or, il est facile de voir que les jeunes sujets appartenant à cette espèce ne répondent nullement à la diagnose donnée par
Draparnaud ; dès le jeune âge, lorsqu'ils ont la taille du *Valvata minuta*,
leur galbe est déjà planorbique et ne ressemble nullement au galbe plus
ou moins bombé, *convexiuscula*, que Draparnaud reconnaît à sa coquille.

D'autre part, nos iconographes français, rencontrant assez abondamment
dans le midi de la France une toute petite Valvée, l'ont confondue avec
le *Valvata minuta* type de Draparnaud. Telle est l'erreur dans laquelle
sont tombés l'abbé Dupuy, Moquin-Tandon, etc. Le Dr Paladilhe, en
présence de ces faits, reconnut avec beaucoup de justesse qu'il fallait
maintenir le *Valvata minuta* de Draparnaud qu'il classa à la suite du
Valvata spirorbis, et créa une dénomination nouvelle pour la forme beaucoup plus globuleuse, beaucoup plus renflée, confondue avec cette dernière espèce. Il lui donna donc le nom de *Valvata globulina*, et la classa
dans un groupe à part, à la suite du *Valvata minuta*.

Ceci étant admis, reste à savoir quelle place il convient d'assigner
définitivement à ces deux formes. Le *Valvata globulina*, si nettement
caractérisé par sa petite taille et son galbe globuleux, mérite d'être rangé
dans un groupe à part dont il est le prototype. Quant au *Valvata minuta*, il
participe à la fois de plusieurs groupes ; par son galbe déprimé ou mieux
peu globuleux, il peut être mis à la suite du *Valvata spirorbis*, et c'est
ainsi que nous avions procédé dans notre *Prodrome*. Mais par sa taille
si petite, par l'allure de son ombilic, nous estimons qu'il est encore
mieux placé dans le groupe du *Valvata globulina*. Telle est également la
manière de voir de M. Agardh Westerlund (1) qui, tout en faisant pré-
céder cette espèce d'un point de doute, l'a classée immédiatement à côté
des *Valvata globulina* et *Valvata Bourguignati*.

DESCRIPTION. — Coquille de très petite taille, d'un galbe globuleux-
subdéprimé, à spire peu haute, à ombilic assez large. Test mince, un peu
fragile, très finement strié en dessus et en dessous, d'un corné pâle, sub-
pellucide. Spire très peu haute, composée de deux et demi à trois tours,
à profil convexe, les premiers à croissance lente et régulière, le dernier

---

(1) Agardh Westerlund, 1886. *Fauna paläartisch.*, VI, p. 138.

plus développé surtout à son extrémité, arrondi à sa naissance, renflé au voisinage de l'ouverture, à direction légèrement déclive dans cette partie. Suture bien marquée par le profil des tours, un peu canaliculée. Sommet lisse, obtus, un peu brillant. Ombilic large, constitué par toute la partie inférieure de la coquille moins le dernier tour. Ouverture oblique, presque exactement circulaire. Péristome continu, mince, tranchant, non évasé à son extrémité.

Dimensions. — Hauteur totale, 3/4 millimètre; diamètre, 1 millimètre.

Observations. — Nous ne pouvons signaler chez cette petite espèce que des variations dues à la coloration ; celle-ci passe en effet du corné pâle au roux et au verdâtre et constitue ainsi des *var. luteola, rufula* et *viridula.*

Rapports et différences. — Rapproché du *Valvata cristata*, le *V. minuta* s'en distinguera : par sa taille beaucoup plus petite ; par son galbe plus bombé et plus renflé; par sa spire non pas planorbique, mais déprimée; par ses tours moins nombreux et moins distincts ; par son dernier tour plus renflé ; etc.

Habitat. — Peu commun ; quoique cette espèce ait été citée dans plusieurs départements du nord de la France, nous la croyons plus particulièrement méridionale. Nous la connaissons notamment dans le Rhône, le Var, les Alpes-Maritimes, l'Hérault. Les indications d'habitat assez nombreuses qui ont été citées par nombre d'auteurs auraient besoin d'être contrôlées, cette espèce ayant été confondue avec plusieurs de ses congénères.

VALVATA TURGIDULA, Bourguignat.

Valvata turgidula, Bourguignat, 1889. *In collect.*

Historique. — Cette espèce, que nous avons observée dans la collection de M. Bourguignat, nous paraît nouvelle; nous n'en connaissons ni description, ni figuration.

Description. — Coquille de petite taille, d'un galbe subglobuleux, bien déprimé en dessus, à spire à peine saillante au-dessus du dernier tour. Test mince, assez solide, orné de stries extrêmement fines, subégales, assez rapprochées, aussi marquées en dessus qu'en dessous jusqu'à

l'entrée de l'ombilic; d'un corné roussâtre, subopaque. Spire composée
de trois tours à trois tours et demi, les premiers à profil convexe, à
croissance un peu lente et régulière; dernier tour beaucoup plus développé, gros et arrondi à son origine, bien renflé à son extrémité, s'insérant dans cette partie presque au même niveau que le dessus de
l'avant-dernier tour et non infléchi. Suture profonde, un peu canaliculée.
Sommet lisse, obtus, de même teinte que le reste de la coquille. Ombilic
profond; assez ouvert, laissant voir assez facilement les tours supérieurs
sur une petite largeur. Ouverture très peu oblique, bien arrondie; péristome simple, tranchant, adhérent à l'avant-dernier tour sur une faible
étendue, à peine évasé dans le bas. Opercule inconnu.

DIMENSIONS. — Hauteur totale 1 millimètre; diamètre maximum
1 1/2 millimètre.

OBSERVATIONS. — Nous avons éprouvé quelque embarras pour classer
cette petite espèce; le dessus de sa spire étant en quelque sorte presque
planorbique, on pouvait la classer dans le groupe du *Valvata cristata*;
mais par l'examen de son ombilic, avec le renflement du dernier tour,
nous estimons qu'elle est mieux à sa place dans le groupe du *Valvata
globulina*.

RAPPORTS ET DIFFÉRENCES. — Rapprochée du *Valvata minuta*, on distinguera cette espèce : à sa taille un peu plus forte; à son galbe plus renflé;
à sa spire plus déprimée; à son dernier tour bien plus gros, bien plus
renflé à sa naissance comme à son extrémité; à son ombilic bien moins
ouvert; à sa suture plus profonde et plus large; etc.

HABITAT. — Rare; le lac de la Négresse, près de Bayonne, dans les
Basses-Pyrénées (col. Bourguignat).

VALVATA GLOBULINA, Paladilhe.

Valvata minuta, de Ferussac fils, 1807. *Essai méth.*, p. 128. — Dupuy, 1851. *Hist. Moll.*
      p. 585, pl. XXVIII, fig. 14. — Moquin-Tandon, 1855. *Hist. Moll.*, II, p. 543,
      pl. XLI, fig. 26-28.
    —   *globulina*, Paladilhe, 1866. *Nouv. miscel. malac.*, p. 17. — Locard, 1882. *Prodr.*,
      p. 250.

HISTORIQUE. — En faisant l'historique du *Valvata minuta*, nous avons
fait en même temps celui du *Valvata globulina*; cette dernière espèce
étant née de la première, nous n'avons donc pas besoin d'y revenir.

Description. — Coquille de très petite taille, d'un galbe globuleux, à spire un peu courte, à tours étagés. Test mince, un peu fragile, orné de st ies longitudinales légèrement flexueuses , très fines, très rapprochées parfois comme obsolètes, aussi accusées en dessus qu'en dessous jusqu'à l'entrée de l'ombilic ; d'un corné roux passant au verdâtre. Spire composée de trois tours à trois tours et demi, à profil arrondi ; les premiers à croissance un peu rapide et assez régulière, le dernier très gros, très renflé, bien arrondi depuis sa naissance jusqu'à son extrémité, s'insérant dans cette partie au-dessous de l'axe de l'avant-dernier tour. Suture linéaire, assez accusée par le profil des tours. Sommet lisse, obtus, de même teinte que le reste de la coquille. Ombilic étroit, très profond, laissant difficilement voir les tours précédents, en partie masqué par le développement du bord columellaire. Ouverture oblique, subarrondie, un peu plus haute que large. Péristome continu, mince, tranchant, légèrement détaché de l'avant-dernier tour et sur une petite longueur, un peu évasé dans le bas. Opercule enfoncé, d'un corné pâle, mince, avec des stries concentriques peu accusées.

Dimensions. — Hauteur totale, 3/4 à 1 1/4 millimètre ; diamètre maximum, 3/4 à 1 1/4 millimètre.

Observations. — Cette élégante mais bien petite coquille présente quelques variations qu'il importe de signaler. Par suite de son mode d'enroulement, avec le dernier tour très descendant, le péristome se détache de l'avant-dernier tour et forme saillie. Gassies, dans la figuration qu'il a donnée du *Valvata minuta*, a reproduit ce caractère (1), mais en l'exagérant notablement.

En général, la coquille du *Valvata globulina* est bien globuleuse comme son nom l'indique, mais parfois aussi elle est légèrement déprimée, et dès lors la spire étant un peu moins haute, les tours paraissent plus étagés ; dans ce cas, le dernier tour à son extrémité est en général moins descendant. Cette variété que nous avons observée au sein de colonies normales et qu'il ne faut pas confondre avec l'espèce suivante, peut être inscrite sous le nom de *var. depressa*. Nous signalerons également une variété *elata* dont le gabe est encore plus conique que le type. Enfin, nous indiquerons les *var. ex-colore : lutea, grisea, viridula, ferruginea* et *albida*.

Rapports et différences. — Par sa petite taille, on séparera toujours le

(1) **Gassies**, 1849. *Mollusques de l'Agenais*, p. 183, pl. II, fig. 7.

Valvata globulina de toutes les autres Valvées, sauf du *Valvata minuta*. On le distinguera de cette dernière espèce : à son galbe plus globuleux, plus renflé ; à sa spire plus haute ; à ses tours plus étagés, avec un profil bien arrondi ; à son ombilic bien moins ouvert ; à son ouverture moins exactement arrondie ; à son dernier tour inséré toujours beaucoup plus bas à son extrémité ; etc.

HABITAT. — Assez commun ; plus particulièrement dans le midi de la France, notamment : dans le Gers (Dupuy, Paladilhe) ; le Lot-et-Garonne (Gassies, Paladilhe) ; etc.

VALVATA MICROMETRICA, Locard.

Valvata micrometrica, Locard, 1888. *Nov. sp.*

HISTORIQUE. — Nous avons reçu de l'abbé Dupuy, peu de temps avant sa mort, cette microscopique coquille, sous le nom de *Valvata minuta*. Elle est, comme nous allons le voir, bien distincte des *Valvata minuta* et *V. globulina*.

DESCRIPTION. — Coquille de très petite taille, d'un galbe subglobuleux, un peu plus développée en largeur qu'en hauteur, à spire peu haute, à tours étagés et bien distincts. Test presque lisse, un peu brillant, orné de stries longitudinales presque complètement obsolètes, aussi bien accusées en dessus qu'en dessous vers l'entrée de l'ombilic ; d'un corné pâle, transparent. Spire composée de trois tours à trois tours et demi, les premiers à croissance un peu lente, à profil bien convexe ; dernier tour très gros, très renflé, à croissance beaucoup plus rapide, et bien développé en diamètre. Suture peu profonde, accusée par le profil des tours. Sommet lisse, obtus, de même teinte que le reste de la coquille. Ombilic très profond, étroit, mais évasé au dernier tour en forme d'entonnoir, laissant voir à l'intérieur un peu des tours précédents. Ouverture oblique, à peine un peu plus haute que large. Péristome continu, mince, tranchant, très légèrement détaché de l'avant-dernier tour sur une faible longueur, un peu évasé dans le bas. Opercule corné, profondément enfoncé, mince et à peine strié.

DIMENSIONS. — Hauteur totale, 1/2 à 3/4 millimètre ; diamètre maximum, 3/4 millimètre.

OBSERVATIONS. — Chez cette espèce, la plus petite que nous connais-

sions jusqu'à présent, le mode d'enroulement se fait un peu comme chez
le *Valvata Sequanica*, par rapport au *Valvata piscinalis*. En effet, les premiers tours croissent peu en diamètre, tandis que leur accroissement en
hauteur est moyen ; le dernier tour, au contraire, se développe proportionnellement plus en diamètre qu'en hauteur.

RAPPORTS ET DIFFÉRENCES. — Comparé au *Valvata globulina*, notre *V.
micrometrica* s'en distingue : par son galbe moins globuleux ; par sa taille
plus petite; par sa spire plus déprimée ; par ses tours plus arrondis, et
croissant plus lentement en hauteur ; par son dernier tour plus développé
en diamètre ; par son ombilic plus ouvert et en forme d'entonnoir; par
son test plus lisse et plus brillant; etc.

HABITAT. — Les eaux de la fontaine du Camarade, près de Valence,
dans le Gers.

VALVATA MOQUINIANA, de Reyniés.

Valvata Moquiniana, de Reyniés, 1851. *In* Dupuy, *Hist. Moll.*, p. 586, pl. XXVIII, fig. 15. —
 Moquin-Tandon, 1855. *Hist. Moll.*, II, p. 543, pl. XLI, fig. 26-31. — Locard, 1882.
 Prodr., p. 250.

HISTORIQUE. — Cette espèce a été publiée pour la première fois par
l'abbé Dupuy, d'après une note manuscrite et une lithographie de Paul
de Reyniés, qui, en même temps, avait communiqué à l'auteur de l'*Histoire des mollusques de France* ses propres échantillons. L'abbé Dupuy,
après avoir donné une description un peu sommaire, ajoutait :
« Cette espèce, du reste, ne peut être encore qu'imparfaitement connue,
puisque M. Paul de Reyniés n'en a trouvé que quelques échantillons roulés
de la coquille dans les alluvions du Lot. »
Peu de temps après, Moquin-Tandon donnait à nouveau une description et une figuration de cette même coquille, et disait : « Cette espèce
est- elle suffisamment distincte? Faut-il la conserver ? »
Enfin, dans un *Catalogue des mollusques de la Lozère*, MM. P. Fagot et
de Malafosse font observer que « cette espèce, *très douteuse*, créée sur un
échantillon provenant des alluvions du Lot, n'a pas été retrouvée depuis
l'époque où M. de Reyniés la signala (1). »

____

(1) P. Fagot et G. de Malafosse, 1878. *Catalogue des Mollusques terrestres et fluviatiles
vivants observés dans le département de la Lozère*, p. 28

Nous ne connaissons cette petite coquille que par les descriptions et figurations qu'en ont données l'abbé Dupuy et Moquin-Tandon ; mais elles s'appliquent si bien à une petite Valvée que nous avons reçue de l'Aveyron que nous croyons, au moins provisoirement, devoir maintenir cette dénomination plus ou moins contestée de *Valvata Moquiniana*, plutôt que de créer une espèce nouvelle.

DESCRIPTION. — Coquille de petite taille, d'un galbe déprimé un peu globuleux, à spire peu haute, à tours bien étagés. Test mince, assez solide, orné de stries très fines, presque obsolètes, aussi peu accusées en dessus qu'en dessous jusqu'à l'entrée de l'ombilic ; d'un corné olivâtre plus ou moins foncé, subtransparent. Spire peu haute, composée de trois tours à trois tours et demi, les premiers à profil bien convexe, à croissance lente et régulière, bien étagés les uns au-dessus des autres ; dernier tour beaucoup plus développé, à croissance plus rapide, très légèrement méplan en dessus à son origine, puis ensuite bien arrondi, à direction lentement tombante à son extrémité. Suture bien accusée, surtout par le profil convexe des tours. Sommet obtus, lisse, de même teinte que le reste de la coquille. Ombilic très profond, étroit, laissant voir difcilement à l'intérieur les tours précédents ; ouverture très oblique, bien arrondie ; péristome continu, mince, tranchant, légèrement détaché de l'avant-dernier tour, à peine réfléchi dans le bas. Opercule profondément enfoncé, mince, corné, presque lisse.

DIMENSIONS. — Hauteur totale, 3/4 à 1 millimètre ; diamètre maximum, 1 1/2 à 2 millimètres.

OBSERVATIONS. — Dans sa description, Moquin-Tandon donne l'ombilic comme étant très ouvert, et pourtant dans sa figuration qui est tout à fait conforme à nos échantillons, cet ombilic est plutôt étroit ; comparé à celui du *Valvata globulina*, il est en réalité un peu plus ouvert. Il s'ensuit que la figure 28 de l'*Atlas* de Moquin-Tandon, qui représente le *Valvata globulina* vu en dessous, conviendrait bien mieux pour le *Valvata Moquiniana* et *vice versa*.

RAPPORTS ET DIFFÉRENCES. — Comparé au *Valvata globulina*, le *V. Moquiniana* s'en distingue : à son galbe plus déprimé, moins globuleux, moins renflé ; à ses tours bien mieux étagés, à profil plus arrondi ; à sa suture plus marquée ; à son sommet moins élevé ; à son ombilic un peu plus ouvert ; à son ouverture plus régulièrement arrondie ; à son test plus lisse ; etc.

Rapproché du *Valvata micrometrica*, on le distinguera : à sa taille plus forte; à ses tours plus régulièrement développés; à son dernier tour moins développé en diamètre; à son ombilic moins ouvert, non évasé en entonnoir; etc.

HABITAT. — Le type de Reyniés provenait des alluvions du Lot, près de Mende, dans la Lozère. Notre coquille a été récoltée à Estaing, dans l'Aveyron (1).

VALVATA BOURGUIGNATI, Letourneux.

Valvata Bourguignati, Letourneux, 1869. *In Rev. mag. zool.*, p. 197 (tir. à part, p. 37). — Locard, 1882. *Prodr.*, p. 250.

HISTORIQUE. — Cette petite coquille a été découverte par M. Tacite Letourneux. Comme le fait observer cet auteur, il est probable que la Valvée signalée par Cailliaud dans la Loire (2), connue sous le nom de *Valvata minuta*, doit être rapportée à cette nouvelle espèce. Il en est peut-être aussi de même des autres prétendues *Valvata minuta*, indiquées sous ce nom dans le nord de la France (3). Mais ne connaissant pas ces formes nous ne pouvons rien conclure.

DESCRIPTION. — Coquille de très petite taille, d'un galbe subglobuleux, légèrement déprimée, à spire assez courte, à tours assez bien étagés. Test mince, un peu fragile, paraissant lisse en dessus comme en dessous, subopaque; d'un corné verdâtre, le plus souvent encroûté. Spire composée

---

(1) A la suite du *Valvata Moquiniana* nous inscrirons une petite espèce voisine vivant en Italie, et que nous avons observée dans la collection de M. Bourguignat :

Valvata meridionalis, BOURGUIGNAT. — Coquille de petite taille, d'un galbe subglobu-leux-déprimé, à spire peu haute, à tours peu étagés, mais bien distincts; test un peu mince, assez solide, à peine strié, d'un corné pâle, encroûté, subopaque; spire composée de trois à trois et demi tours convexes, peu saillants, séparés par une suture profonde, un peu canali-culée; dernier tour très développé, bien arrondi, surtout à son extrémité, s'insérant en ce point un peu au-dessus de l'axe de l'avant-dernier tour ; ombilic très profond, assez étroit, ne laissant pas voir facilement les tours supérieurs; ouverture oblique, bien arrondie; péri-stome continu, mince, tranchant, adhérent à l'avant-dernier tour ; opercule corné, mince, finement strié, profondément enfoncé. — Hauteur, 1 1/2; diamètre 2 1/2 millimètres.

Le *Valvata meridionalis* se distingue du *Valvata Moquiniana* par sa taille beaucoup plus forte; par son ombilic moins ouvert, par son galbe plus déprimé, par ses tours moins saillants, par sa suture plus profondément marquée; etc. Il a été recueilli à Viareggio, en Italie.

(2) Cailliaud, 1865. *Catalogue des Mollusques marins, terrestres et fluviatiles recueillis dans le département de la Loire-Inférieure*, p. 149.

(3) Bouchard-Chantereaux, 1878. *Catalogue des Mollusques terrestres et fluviatiles observé dans le département du Pas-de-Calais*, p. 87.

de trois tours à trois tours et demi, à profil convexe, le premier à croissance lente et régulière, le dernier très gros, très renflé, à croissance beaucoup plus rapide, surtout à son extrémité, développé dans cette région dans le sens du diamètre plus encore que dans celui de la hauteur, s'insérant dans cette partie au-dessus de l'axe de l'avant-dernier tour. Suture bien marquée, quoique relativement peu profonde. Sommet petit, obtus, lisse, et de même teinte que le reste de la coquille. Ombilic profond, très étroit, ne laissant pas voir à l'intérieur les tours précédents. Ouverture assez oblique, presque ronde, un peu irrégulière dans le haut et bien dilatée dans le bas ; péristome continu, mais détaché de l'avant-dernier tour, mince et tranchant, à peine évasé vers l'ombilic. Opercule presque lisse, corné, laissant apercevoir quelques stries concentriques.

DIMENSIONS. — Hauteur, 1 millimètre ; diamètre maximum, 1/2 millimètre.

OBSERVATIONS. — En dehors du type nous signalerons des *var. depressa* et *elata*, basées sur l'allure plus ou moins élevée de la spire.

RAPPORTS ET DIFFÉRENCES. — Cette espèce est surtout voisine du *Valvata globulina ;* on la distinguera : à sa taille plus petite ; à son galbe moins globuleux ; à son dernier tour plus dilaté en diamètre ; à son ouverture plus arrondie ; à ses tours supérieurs moins évasés ; à son ombilic plus étroit ; etc.

HABITAT. — Dans les eaux d'une fontaine, près du Moulin-Gachet (commune de Pissote), en Vendée, où elle vit abondamment parmi les conferves et les mousses aquatiques.

TABLE ALPHABÉTIQUE

FIN DE LA TABLE ALPHABÉTIQUE

LYON. — IMPRIMERIE PITRAT AINÉ 4. RUE GENTIL.

TABLEAU
des
CARACTÈRES GÉNÉRAUX ET COMPARATIFS DES ESPÈCES FRANÇAISES APPARTENANT AU GENRE VALVATA

VALVATA	TAILLE	DIMENSION DE L'OMBILIC	INTÉRIEUR VISIBLE DE L'OMBILIC	CARÈNE GÉNÉRAL	ALLURE DE LA SPIRE	NOMBRE DE TOURS	ALLURE DES TOURS	ACCROISSEMENT SPIRAL	PROFIL DES TOURS SUPÉRIEURS	DÉVELOPPEMENT DU DERNIER TOUR EN HAUTEUR	DÉVELOPPEMENT DU DERNIER TOUR EN DIAMÈTRE	PROFIL DU DERNIER TOUR	INSERTION DU BORD SUPÉRIEUR DE L'OUVERTURE	DIRECTION DU DERNIER TOUR À SON EXTRÉMITÉ	SUTURE	SYSTÈME DES STRIES	FORME DE L'OUVERTURE	HAUTEUR DU PÉRISTOME	DIVISION TOTALE
Contorta, Müller	grande	très étroit	nul	conique subglobuleux	très haute	5	très étagés	assez rapid.	arrondi	assez gros	médiocre	bien arrondi	très latéral.	très infléchi	perlée	[illegible]	[illegible]	oblique	[illegible]
Fluviatilis, [illegible]	assez grande	[illegible]	[illegible]	conique-globuleux	haute	4 à 5	assez étagés	irrégul.	assez étroite	très gros	assez grand	[illegible]	[illegible]	assez infléchi	peu profonde	[illegible]	[illegible]	[illegible]	[illegible]
Servaini, Locard	moyenne	[illegible]	[illegible]	subconique-globuleux	assez haute	—	peu étagés	[illegible]	[illegible]	—	médiocre	[illegible]	[illegible]	[illegible]	assez peu profonde	[illegible]	[illegible]	oblique	[illegible]
Tolosana, [illegible]	—	—	[illegible]	déprimé globuleux	peu haute	—	très peu étagés	—	[illegible]	gros	grand	[illegible]	[illegible]	[illegible]	[illegible]	[illegible]	—	[illegible]	[illegible]
Sequanica, Locard	assez grande	—	—	déprimé-conique	assez haute	—	bien étagés	très irrégul.	[illegible]	assez gros	très grand	[illegible]	[illegible]	[illegible]	[illegible]	[illegible]	—	[illegible]	[illegible]
Piscinalis, Müller	—	bien étroit	à peine visible	sub-déprimé globuleux	peu haute	—	étagés	un peu irrégul.	arrondi	—	peu [illegible]	[illegible]	[illegible]	[illegible]	[illegible]	[illegible]	[illegible]	oblique	[illegible]
Galliea, [illegible]	moyenne	—	—	subglobuleux	très peu haute	—	peu étagés	très irrégul.	[illegible]	très gros	[illegible]	[illegible]	[illegible]	[illegible]	[illegible]	[illegible]	—	[illegible]	[illegible]
Mecertelota, [illegible]	—	[illegible]	—	globuleux	très courte	—	à peine étagés	[illegible]	[illegible]	—	très grand	[illegible]	[illegible]	[illegible]	[illegible]	[illegible]	[illegible]	[illegible]	[illegible]
Chosas, [illegible]	—	étroit	[illegible]	[illegible]	[illegible]	[illegible]	[illegible]	[illegible]	[illegible]	[illegible]	[illegible]	[illegible]	[illegible]	[illegible]	[illegible]	[illegible]	[illegible]	[illegible]	[illegible]
Depressa, [illegible]	assez petite	[illegible]	[illegible]	[illegible]	[illegible]	[illegible]	[illegible]	[illegible]	[illegible]	[illegible]	[illegible]	[illegible]	[illegible]	[illegible]	[illegible]	[illegible]	[illegible]	[illegible]	[illegible]
[illegible]	[illegible]	[illegible]	[illegible]	[illegible]	[illegible]	[illegible]	[illegible]	[illegible]	[illegible]	[illegible]	[illegible]	[illegible]	[illegible]	[illegible]	[illegible]	[illegible]	[illegible]	[illegible]	[illegible]

[library stamp]

The table continues for further species rows (Fagoti, Gravida, Compressa, Marci, Cristata, Spireula, Piscenalina, Bollia, Minuta, Fungidiana, Lindalina, Microsculptea, Magrelana, Bourguignati …); the printed cell values in the body are too faded to read reliably.

www.ingramcontent.com/pod-product-compliance
Lightning Source LLC
Chambersburg PA
CBHW051624060726
47597CB00004B/1430